Python
程序设计 案例教程

主　编　于洪波
副主编　徐益龙　王大明　肖亚丽
编　者　黄秋月　周贵航　关向科

陕西师范大学出版总社

图书代号　JC23N2075

图书在版编目（CIP）数据

Python 程序设计案例教程 / 于洪波主编 . —西安：陕西师范大学出版总社有限公司，2023.10
ISBN 978-7-5695-3918-9

Ⅰ.① P… Ⅱ.①于… Ⅲ.①软件工具—程序设计—中等专业学校—教材　Ⅳ.① TP311.561

中国国家版本馆 CIP 数据核字（2023）第 183327 号

Python 程序设计案例教程
Python CHENGXU SHEJI ANLI JIAOCHENG

主编　于洪波

选题策划	曾学民
责任编辑	杨　凯
特约编辑	王恒博
责任校对	曾学民
封面设计	鼎新设计
出版发行	陕西师范大学出版总社 （西安市长安南路 199 号　邮编 710062）
网　　址	http://www.snupg.com
经　　销	新华书店
印　　刷	西安报业传媒集团
开　　本	787 mm×1092 mm　1/16
印　　张	9.5
字　　数	206 千
版　　次	2023 年 10 月第 1 版
印　　次	2023 年 10 月第 1 次印刷
书　　号	ISBN 978-7-5695-3918-9
定　　价	39.80 元

读者购书、书店添货或发现印刷装订问题，请与本社高教出版中心联系。
电　话：（029）85307864　85303622（传真）

前言

当前,随着社会的快速变革和科技的飞速发展,人工智能技术已经渗透到各行各业,成为推动社会进步和经济发展的重要力量。Python作为人工智能技术实现的主要编程语言之一,其简单易学、开源、跨平台、扩展库丰富等特点,使得它成为中职学校学生学习人工智能的最佳选择之一。职业教育不仅需要培养学生的专业技能,更需要为他们未来全面发展提供坚实的基础,然而当前符合中职学校学生特点、具有职业教育类型特色的Python教材相对较少。

为全面贯彻党的教育方针,落实立德树人根本任务,突显职业教育类型特色,我们特编写本Python教材。本教材的特点在于结合了人工智能的背景和职业教育的需求,力求以简化的方式呈现Python语言的基础知识和实际应用。通过本教材的学习,学生将能够掌握好Python语言,为进一步学习人工智能技术打下坚实的基础。本教材可作为高等职业院校和中等职业学校各专业Python编程课程的教材。

本教材的主要内容包括Python语言的基础知识、常用数据类型和流程控制语句、函数、文件与目录操作等。每个章节都配有具体的项目案例和练习题,以帮助学生巩固所学知识并应用到实际项目中。同时,本教材还提供了丰富的实例代码和注释,方便学习者理解和实际运行。

本教材的编写团队具有丰富的职业教育从教经验,深谙职业教育的实际需求和学生的学习特点,为此,编写团队精心设计了教材的结构和内容,注重理论与实际应用的结合,着重培养学生的动手能力和解决问题的能力。本教材是编写团队多年教学和实践经验的结晶,希望本教材的出版,能够为中等职业学校人工智能教育的发展,为培养更多的人工智能相关领域的高技术技能型创新人才做出贡献。

最后，衷心感谢所有为本教材出版提供支持和帮助的人士和机构。同时也感谢每一位阅读本教材的读者，正是您的支持，才使得我们能够将这份知识和经验传递给更多的人，共同推动职业教育的发展。愿本教材能为您在学习 Python 和人工智能领域的道路上提供帮助和指导。

编者

2023 年 9 月

目录

第1章 初识 Python / 1

1.1 Python 概述 / 1
1.1.1 了解 Python / 1
1.1.2 Python 的版本 / 1
1.1.3 Python 的应用领域 / 2

1.2 Python 开发环境搭建 / 2
1.2.1 Python 开发环境概述 / 2
1.2.2 安装 Python / 3
1.2.3 第一个 Python 程序 / 6

1.3 Python 开发工具 / 8
1.3.1 使用自带的 IDLE / 8
1.3.2 常用的第三方开发工具 / 10

1.4 Python 难点解答 / 11
1.4.1 为什么提示"'Python'不是内部或外部命令" / 11
1.4.2 如何在 Python 交互模式中运行 .py 文件 / 13

1.5 小结 / 14
1.6 练习题 / 14

第2章 Python 语言基础 / 16

2.1 Python 的语法特点 / 16
2.1.1 注释 / 16
2.1.2 代码缩进 / 17
2.1.3 关键字 / 19
2.1.4 标识符 / 19

2.2 变量 / 20
2.2.1 理解 Python 中的变量 / 20
2.2.2 变量的定义与使用 / 20

2.3 基本数据类型 / 23
2.3.1 数值 / 23
2.3.2 字符串 / 26
2.3.3 列表 / 28
2.3.4 元组 / 36
2.3.5 字典 / 41
2.3.6 集合 / 46
2.3.7 数据类型转换 / 50

2.4 运算符 / 52
2.4.1 算术运算符 / 53

2.4.2 赋值运算符 / 54

2.4.3 比较运算符 / 55

2.4.4 逻辑运算符 / 56

2.4.5 成员运算符 / 57

2.4.6 运算符的优先级 / 58

2.5 输入和输出 / 59

2.5.1 使用 input() 函数输入 / 59

2.5.2 使用 print() 函数输出 / 60

2.6 项目实战 / 61

2.6.1 实战一：模拟手机充值 / 61

2.6.2 实战二：数字励志公式 / 62

2.6.3 实战三：计算当天饮食费用 / 63

2.6.4 实战四：转换时间 / 64

2.6.5 实战五：大湾区城市 / 64

2.7 小结 / 65

2.8 练习题 / 65

第3章 流程控制语句 / 69

3.1 程序结构概述 / 69

3.1.1 程序结构分类 / 69

3.1.2 程序结构应用场景 / 70

3.2 选择语句 / 71

3.2.1 if 单分支语句 / 72

3.2.2 if…else 双分支语句 / 73

3.2.3 if…elif…else 多分支语句 / 75

3.2.4 if 语句的嵌套 / 77

3.2.5 条件表达式 / 79

3.3 循环语句 / 80

3.3.1 while 循环 / 80

3.3.2 for 循环 / 82

3.3.3 循环嵌套 / 85

3.4 跳转语句 / 88

3.4.1 break 语句 / 89

3.4.2 continue 语句 / 90

3.5 项目实战 / 91

3.5.1 实战一：猜数字游戏 / 91

3.5.2 实战二：模拟 10086 查询功能 / 92

3.5.3 实战三：使用嵌套循环输出 2-100 之间的素数 / 93

3.5.4 实战四：温度预警 / 94

3.5.5 实战五：计算一个整数各位上数字的和 / 96

3.5.6 实战六：打印水仙花数 / 96

3.5.7 实战七：输入月份，显示对应月份的节气 / 97

3.5.8 实战八：打印学生成绩 / 97

3.6 小结 / 99

3.7 练习题 / 99

第4章 函数 / 102

4.1 函数的定义和调用 / 102

4.1.1 定义函数 / 103

4.1.2 调用函数 / 104

4.2 参数传递 / 105

4.2.1 形式参数和实际参数 / 105

4.2.2 位置参数 / 108

4.2.3 关键字参数 / 108

4.2.4 为参数设置默认值 / 109

4.2.5 可变参数 / 110

4.3 返回值 / 112

4.4 变量的作用域 / 113

    4.4.1 局部变量 / 113

    4.4.2 全局变量 / 114

4.5 项目实战 / 116

    4.5.1 实战一：根据出生日期判断属相/116

    4.5.2 实战二：判断一个字符串是否为回文字符串/116

    4.5.3 实战三：实现简单计算器的功能/117

    4.5.4 实战四：谨防校园贷陷阱 / 118

    4.5.5 实战五：计算长方形面积函数/118

    4.5.6 实战六：猴子吃桃问题 / 118

4.6 小结 / 119

4.7 练习题 / 119

第 5 章　文件及目录操作 / 122

5.1 基本文件操作 / 122

    5.1.1 创建和打开文件 / 122

    5.1.2 关闭文件 / 125

    5.1.3 打开文件使用 with 语句 / 125

    5.1.4 写入文件内容 / 125

    5.1.5 读取文件 / 126

5.2 目录操作 / 127

    5.2.1 os 和 os.path 模块 / 128

    5.2.2 路径 / 130

    5.2.3 判断目录是否存在 / 131

    5.2.4 创建目录 / 131

    5.2.5 删除目录 / 132

    5.2.6 遍历目录 / 132

5.3 高级文件操作 / 133

    5.3.1 重命名文件和目录 / 138

    5.3.2 获取文件基本信息 / 138

5.4 项目实战 / 139

    5.4.1 实战一：根据当前时间创建文件/139

    5.4.2 实战二：批量添加文件夹 / 140

5.5 小结 / 141

5.6 练习题 / 141

参考文献 / 143

第 1 章
初识 Python

Python 是一种跨平台的、开源的、免费的、面向对象的、解释性的高级编程语言，具有语法简洁、易读、功能强大等特点。Python 提供了高效的高级数据结构，能够简单有效地面向对象编程。Python 优雅的语法、动态类型以及解释型语言的本质，使它成为多数平台上写脚本和快速开发应用的编程语言。近几年 Python 发展势头迅猛，已成为最受欢迎的编程语言之一，其应用领域非常广泛，在 Web 编程、图形化处理、黑客编程、大数据处理、网络爬虫以及人工智能等领域都能找到 Python 的身影。

本章将先介绍 Python 语言的一些基础内容，然后重点介绍搭建 Python 开发环境的方法，最后介绍几种常见的 Python 开发工具。

1.1 Python 概述

1.1.1 了解 Python

Python 的中文意思是蟒蛇。1989 年，荷兰人 Guido van Rossum（吉多·范·罗苏姆）发明了一种面向对象的解释型高级编程语言，将其命名为 Python。Python 的设计目标之一是让代码具备高度的可阅读性。它设计时尽量使用其他语言经常使用的标点符号和英文单词，让代码看起来整洁美观。Python 语言简洁易懂，它不像其他静态语言如 C、Pascal 需要重复书写声明语句。2021 年 10 月，TIOBE 编程语言排行榜将 Python 加冕为最受欢迎的编程语言，20 年来首次将其置于 Java、C 和 JavaScript 之上。

1.1.2 Python 的版本

目前市面上主流的 Python 版本有 Python2.X 和 Python3.X，两者的区别比较大；Python 的 3.0 版本，常被称为 Python3000，或简称 Py3k。相对于 Python 的早期版本，这是一个较大的升级。Python3.0 在设计上没有考虑向下兼容，未来 Python3.X 是发展趋势。本书主要以 Python3.X 展开讲解。

1.1.3 Python 的应用领域

Python 作为一种功能强大的编程语言，因其简单易学、易于阅读、免费开源等特点而受到开发者的青睐，概括起来，Python 主要有以下几个应用领域：

（1）Web 开发；

（2）大数据处理；

（3）人工智能；

（4）自动化运维开发；

（5）云计算；

（6）爬虫；

（7）游戏开发；

（8）科学计算；

（9）常规软件开发。

Python 的应用领域非常广泛，几乎所有大中型互联网企业都在使用 Python 完成各种各样的任务，例如国外的 Google、YouTube、Dropbox，国内的百度、新浪、搜狐、腾讯、阿里、网易、淘宝、知乎、豆瓣、汽车之家、美团等。

1.2 Python 开发环境搭建

1.2.1 Python 开发环境概述

所谓"工欲善其事，必先利其器"。在正式学习 Python 开发前，需要先搭建 Python 开发环境。Python 是跨平台的开发工具，可以在多个操作系统上进行编程，编写好的程序可以在不同操作系统上运行。常用的操作系统及说明如表 1.1 所示。

表 1.1 进行 Python 开发常用的操作系统

操作系统	说明
Windows	推荐使用 Windows 10 或以上版本。Windows XP 系统不支持安装 Python 3.5 及以上版本
Mac OS	从 Mac OS X 10.3（Panther）开始已经包含 Python
Linux	推荐 Ubuntu 版本

说明：在个人开发学习阶段推荐使用 Windows 操作系统，本书采用的是 Windows 操作系统。

1.2.2 安装 Python

要进行 Python 开发，需要先安装 Python 解释器。由于 Python 是解释型编程语言，所以需要一个解释器，这样才能运行编写的代码。这里说的安装 Python 实际上就是安装 Python 解释器。下面以 Windows 操作系统为例介绍安装 Python 的方法。

1. 下载 Python 安装包

在 Python 的官方网站中，可以很方便地下载 Python 开发环境的安装程序，具体下载步骤如下：

（1）打开浏览器（如 Google 浏览器），输入 Python 官方网站，地址 https://www.python.org。

（2）将鼠标移动到 Downloads 菜单上，点击"Windows"选项菜单。如图 1.1 所示。

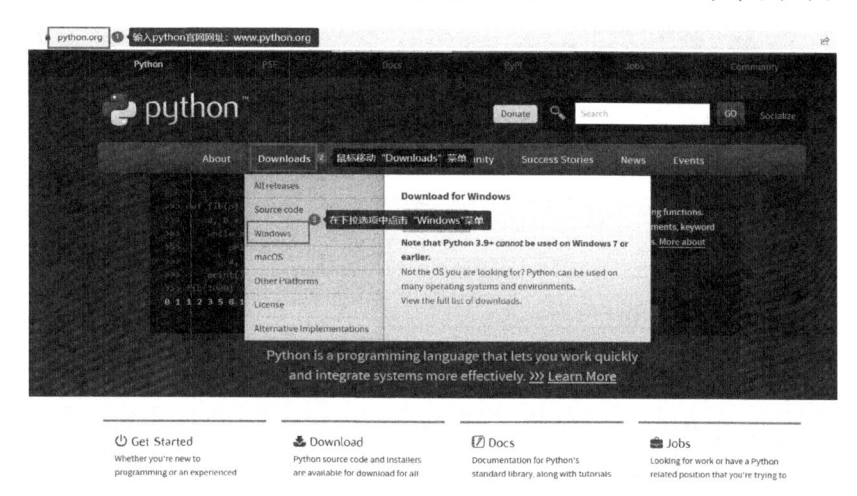

图 1.1　Python 官方网站首页

（3）在打开的页面中选择下载对应版本的最新安装程序（Python3.11.5）。如图 1.2 所示。

图 1.2　适合 Windows 系统的 Python 下载列表

说明：在图 1.2 所示的列表中，带有"32-bit"字样的压缩包，表示该开发工具可以在 Windows 32 位系统上使用；而带有"64-bit"字样的压缩包，则表示该开发工具可以在 Windows 64 位系统上使用。

（4）下载完成后会得到一个名为"Python-3.11.5-amd64"的 exe 安装程序。

2. 在 Windows 64 位系统中安装 Python

（1）双击下载后得到的安装文件 Python-3.11.5-amd64.exe，将显示安装向导对话框，选中"Add python.exe to PATH"复选框，表示将自动配置环境变量。如图 1.3 所示。

图 1.3　Python 安装向导

（2）单击"Customize installation"按钮，进行自定义安装（自定义安装可以修改安装路径），在弹出的安装选项对话框中的各项建议都勾选上。如图 1.4 所示。

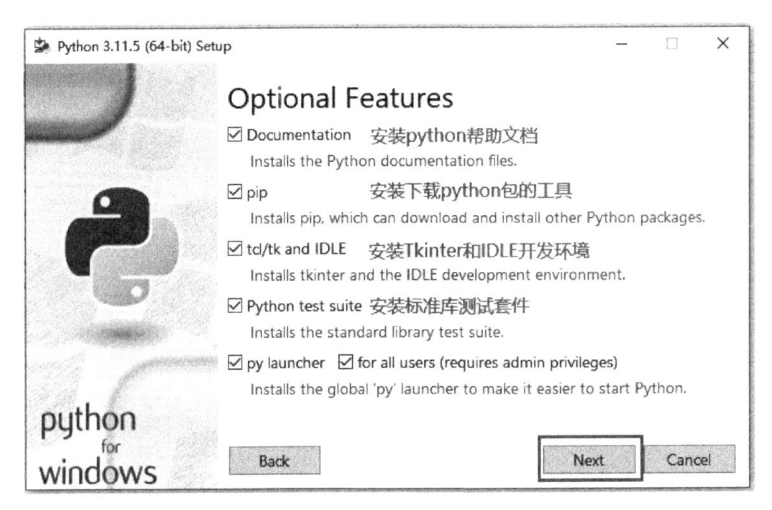

图 1.4　设置要安装选项对话框

第 1 章　初识 Python

（3）单击 Next 按钮，将打开高级选项对话框，在该对话框中，设置安装路径为"D:\Python311"（也可自行设置路径），其他选项采用默认设置，如图 1.5 所示。

图 1.5　高级选项对话框

（4）单击 Install 按钮，开始安装 Python，安装完成后将显示如图 1.6 所示的对话框。

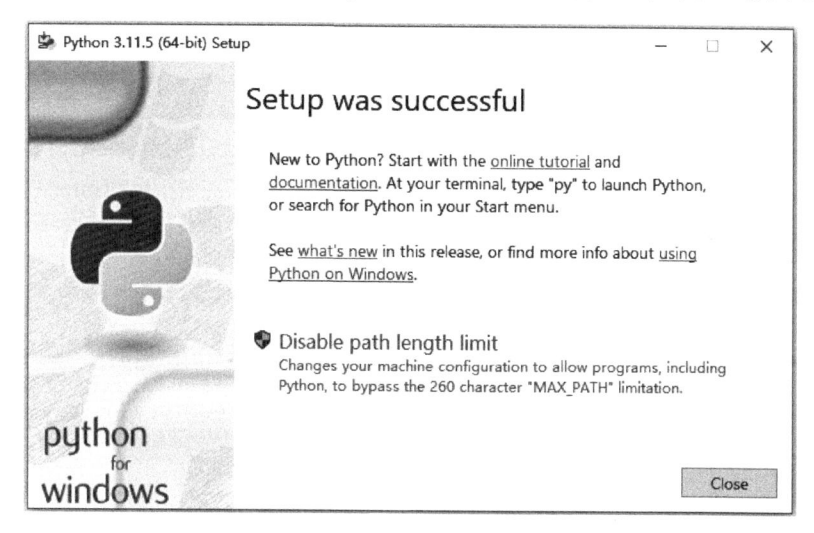

图 1.6　安装完成对话框

3. 测试 Python 是否安装成功

Python 安装完成后，需要检测 Python 是否成功安装。例如，在 Windows 10 系统中检测 Python 是否安装成功，可以通过键盘上的 <windows+R> 组合键打开运行窗口，在文本框中输入 cmd 命令，启动命令行窗口，在当前的命令提示符后面输入"python"，按下 <Enter> 键，如果出现如图 1.7 所示的信息，则说明 Python 安装成功，同时系统进入交互式 Python 解释器中。

图 1.7　在命令行窗口中运行的 Python 解释器

说明：图 1.7 中的信息是笔者电脑中安装的 Python 的相关信息，包括 Python 的版本、该版本发行的时间、安装包的类型等。因为选择的版本不同，这些信息可能会有所差异，但命令提示符变为 ">>>" 即说明 Python 已经安装成功，正在等待用户输入 Python 命令。

1.2.3　第一个 Python 程序

作为程序开发人员，学习新语言的第一步就是输出。学习 Python 也不例外，首先从学习输出简单的词句开始，下面通过两种方法实现同一输出。

1. 在命令行窗口中启动的 Python 解释器中实现

▶ **实例 1-01** 在命令行窗口中输出 "Hello World！我的第一个 Python 程序"

在命令行窗口中启动的 Python 解释器中输出语句的步骤如下：

（1）通过键盘上的 <windows+R> 组合键打开运行窗口，在文本框中输入 cmd 命令，启动命令行窗口，在当前的命令提示符后面输入 "python"，按下 <Enter> 键，进入到 Python 解释器中。

（2）在当前的 Python 提示符 ">>>" 的右侧输入以下代码，并且按 <Enter> 键。

```
print("Hello World！我的第一个Python程序")
```

注意：在上面的代码中，小括号和双引号都需要在英文半角状态下输入，并且 print 全部为小写字母。因为 Python 的语法是区分大小写字母的。

运行结果如图 1.8 所示。

图 1.8　在命令行窗口输出 "Hello World！我的第一个 Python 程序"

2. 在 Python 自带的 IDLE 中实现

通过实例 1-01 可以看出，在命令行窗口中的 Python 解释器中，编写 Python 代码时，代码颜色是纯色的，不方便阅读。实际上，在安装 Python 时，会自动安装一个开发工具 IDLE，通过它编写 Python 代码时，会用不同的颜色显示代码，这样更容易阅读。下面将通过一个具体的实例演示如何打开 IDLE，并且实现与实例 1-01 相同的输出结果。

👉 **实例 1-02** 在 IDLE 中输出 "Hello World！我的第一个 Python 程序"

单击 Windows 10 的开始菜单，找到 Python 3.11 文件夹底下的 IDLE（Python 3.11 64-bit）程序并打开，即进入 IDLE 窗口，如图 1.9 所示。

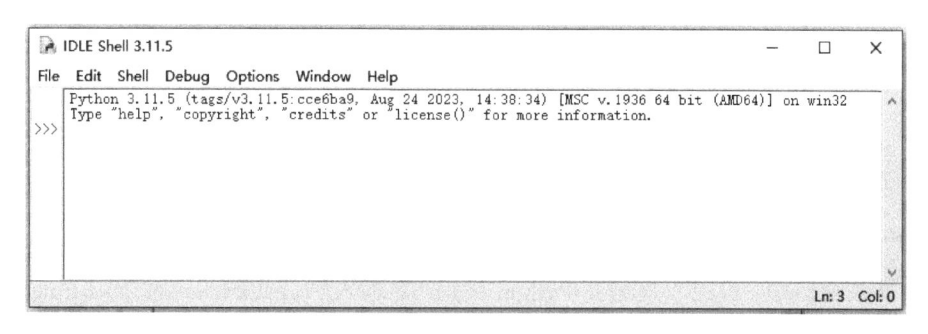

图 1.9　IDLE 窗口

在当前的 Python 提示符 ">>>" 的右侧输入以下代码，并且按 <Enter> 键。

```
print("Hello World！我的第一个Python程序")
```

结果如图 1.10 所示。

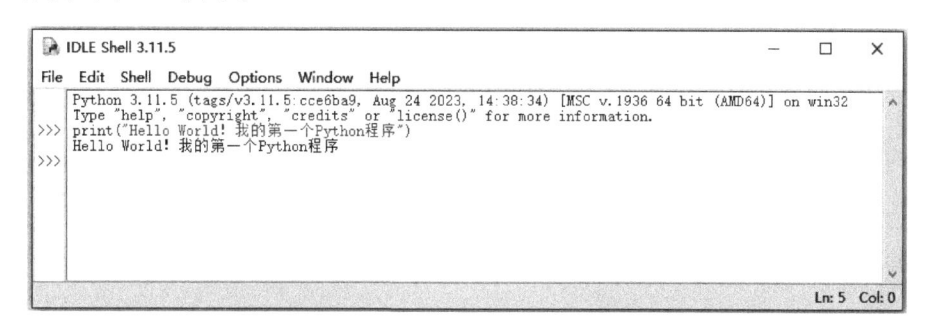

图 1.10　在 IDLE 中输出 "Hello World！我的第一个 Python 程序"

拓展训练：在 IDLE 中输出一句名言 "再小的努力，乘以 365 都很明显。"

```
print("\n再小的努力，乘以365都很明显。\n")
```

1.3 Python 开发工具

1.3.1 使用自带的 IDLE

通常情况下，为了提高开发效率，需要使用相应的开发工具。下面将详细介绍 Python 自带的 IDLE 和常用的第三方开发工具。

在安装 Python 后，会自动安装一个 IDLE。它是一个 Python Shell（可以在打开的 IDLE 窗口的标题栏上看到），程序开发人员可以利用 Python Shell 与 Python 交互。下面将详细介绍如何使用 IDLE 开发 Python 程序。

1. 打开 IDLE 并编写代码

在 1.2.3 小节我们已经应用 IDLE 输出了简单的语句，但是实际开发时，通常不能只包含一行代码。当需要编写多行代码时，可以单独创建一个文件保存这些代码，在全部编写完成后一起执行。具体方法如下：

在 IDLE 主窗口的菜单栏上，选择"File"—"New File"菜单项，将打开一个新窗口，在该窗口中，可以直接编写 Python 代码。在输入一行代码后再按下 < Enter > 键，将自动换到下一行，等待继续输入，如图 1.11 所示。

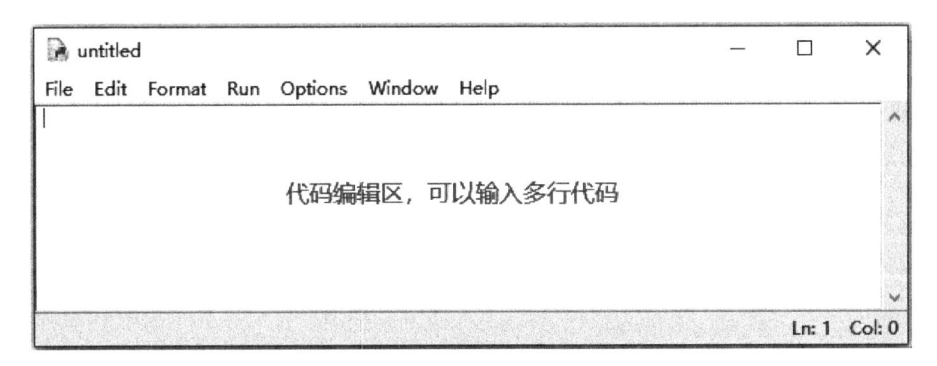

图 1.11 新创建的 Python 文件窗口

在代码编辑区中，编写多行代码。例如，输出李白的《静夜思》，代码如下：

```
print("\t《静夜思》")
print("\t\t\t—李白 \n")
print("床前明月光，疑是地上霜。")
print("举头望明月，低头思故乡。")
```

按下快捷键 <Ctrl+S> 保存文件，这里将文件名称设置为 dcmo.py。其中".py"是 Python 文件的扩展名。"\t"是指制表符，也就是一个 tab。"\n"是换行。

在菜单栏中选择"Run"—"Run Module"菜单项（也可以直接按下快捷键 <F5>）运行程序，运行结果如图 1.12 所示。

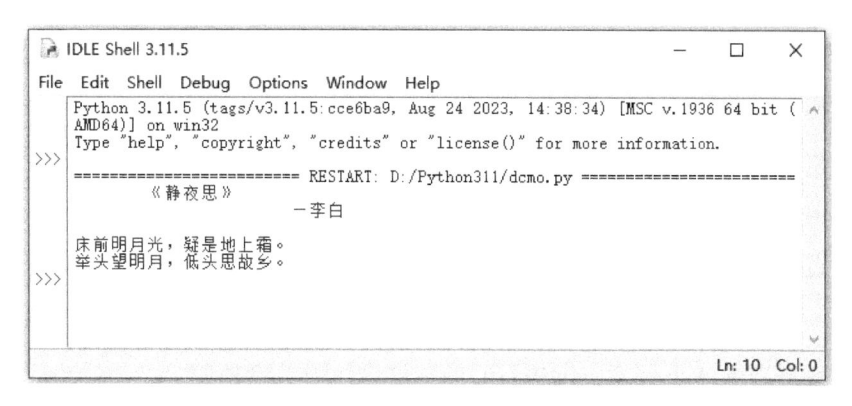

图 1.12 编写多行代码的运行结果

2. IDLE 提供的常用快捷键

在程序开发过程中，合理使用快捷键，不但可以减少代码的错误率，而且可以提高开发效率。在 IDLE 中，可通过选择"Options"—"Configure IDLE"菜单项，在打开的"Settings"对话框的"Keys"选项卡中查看（该界面是英文显示）。为方便读者学习，表 1.2 列出了 IDLE 中一些常用的快捷键。

表 1.2 IDLE 提供的常用快捷键

快捷键	说明	适用于
F1	打开 Python 帮助文档	Python 文件窗口和 shell 窗口均可用
Alt+P	浏览历史命令（上一条）	仅 Python Shell 窗口可用
Alt+N	浏览历史命令（下一条）	仅 Python Shell 窗口可用
Alt+/	自动补全前面曾经出现过的单词，如果之前有多个单词具有相同前缀，可以连续按下快捷键，在多个单词中循环选择	Python 文件窗口和 Shell 窗口均可用
Alt+3	注释代码块	仅 Python 文件窗口可用
Alt+4	取消代码块注释	仅 Python 文件窗口可用
Alt+G	转到某一行	仅 Python 文件窗口可用
Ctrl+Z	撤销一步操作	Python 文件窗口和 Shell 窗口均可用
Ctrl+Shift+Z	恢复上一次的撤销操作	Python 文件窗口和 Shell 窗口均可用
Ctrl+S	保存文件	Python 文件窗口和 Shell 窗口均可用
Ctrl+]	缩进代码块	仅 Python 文件窗口可用
Ctrl+[	取消缩进代码块	仅 Python 文件窗口可用

1.3.2 常用的第三方开发工具

除 Python 自带的 IDLE 以外,还有很多能够进行 Python 编程的开发工具。下面将对几个常用的第三方开发工具进行简要介绍。

1. PyCharm

PyCharm 是由 JetBrains 公司开发的一款 Python 开发工具,在 Windows、Mac OS 和 Linux 操作系统中都可以使用,也是大多数开发者喜欢选择的工具。它具有语法高亮显示、Project（项目）管理代码跳转、智能提示、自动完成、调试、单元测试和版本控制等一般开发工具都具有的功能。另外,它还支持在 Django（Python 的 Web 开发框架）框架下进行 Web 开发。PyCharm 的主窗口如图 1.13 所示。

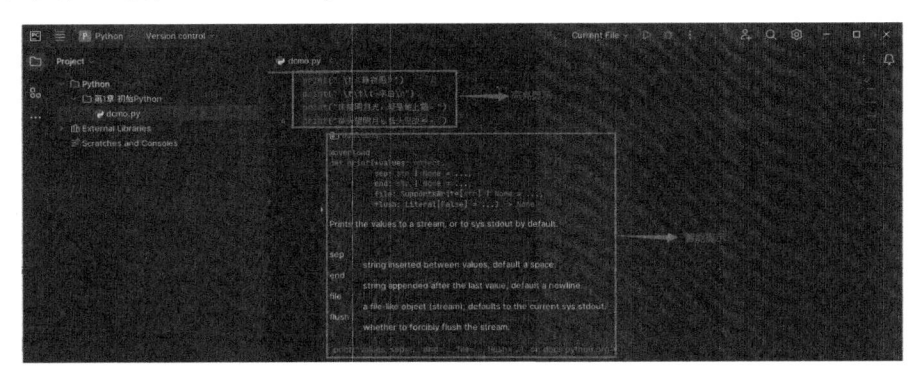

图 1.13　PyCharm 的主窗口

说明：PyCharm 的官方网站为"https://www.jetbrains.com/pycharm/",在该网站中,提供两个版本的 PyCharm,一个是社区版（免费并且提供源程序）,另一个是专业版（免费试用 30 天）,读者可以根据需要选择下载相应版本。

2. Microsoft Visual Studio

Microsoft Visual Studio 是 Microsoft（微软）公司开发的用于进行 C# 和 ASP.NET 等应用的开发工具。Visual Studio 也可以作为 Python 的开发工具,只需要在安装时选择安装 PTVS 插件即可。安装 PTVS 插件后,在 Visual Studio 中就可以进行 Python 应用开发了。开发界面如图 1.14 所示。

图 1.14　应用 Visual Studio 开发 Python 项目

说明：PTVS 插件是一个自由/开源的插件，它支持编辑、浏览、智能感知、混合 Python/C++ 调试、性能分析、HPC 集群、Django，并适用于 Windows、Linux 和 Mac OS 的客户端的云计算。

3. Eclipse

Eclipse 是一个开源的、基于 Java 的可扩展开发平台。最初主要用于 Java 语言的开发，不过该平台通过安装不同的插件，可以进行不同语言的开发，在安装 PyDev 插件后，Eclipse 就可以进行 Python 应用开发。应用 PyDev 插件的 Eclipse 进行 Python 开发的界面如图 1.15 所示。

图 1.15　应用 Eclipse 开发 Python

说明：PyDev 是一款功能强大的 Eclipse 插件。它提供了语法高亮、语法分析、语法错误提示，及大纲视图显示导入的类、库和函数、源代码内部的超链接、运行和调试等。安装 PyDev 插件后、用户完全可以利用 Eclipse 进行 Python 应用开发。

1.4 Python 难点解答

1.4.1 为什么提示"'python'不是内部或外部命令"

在命令行窗口中输入 python 命令后，显示"'python'不是内部或外部命令，也不是可运行的程序或批处理文件。",如图 1.16 所示。

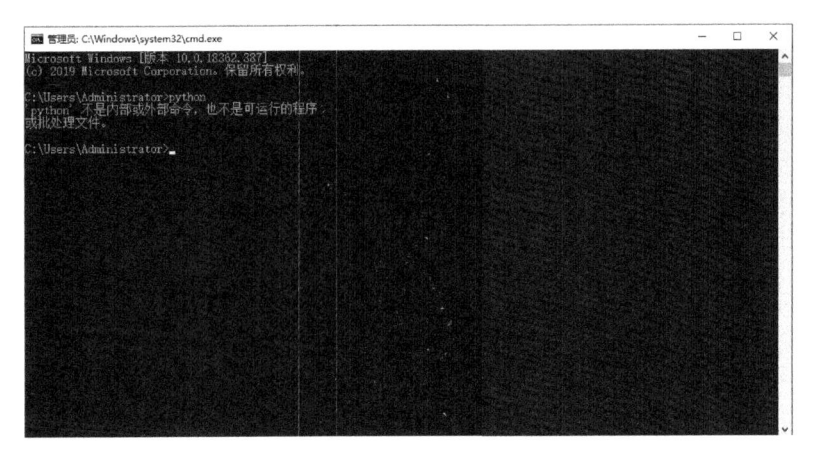

图 1.16 输入 python 命令后出错

出现该问题是因为在当前的路径中,找不到 Python.exe 可执行程序,具体的解决方法是配置环境变量,具体方法如下:

(1)在"计算机"图标上单击鼠标右键,然后在弹出的快捷菜单中执行"属性"命令,并在弹出的"属性"对话框左侧单击"高级系统设置"超链接。将出现如图 1.17 所示的"系统属性"对话框。

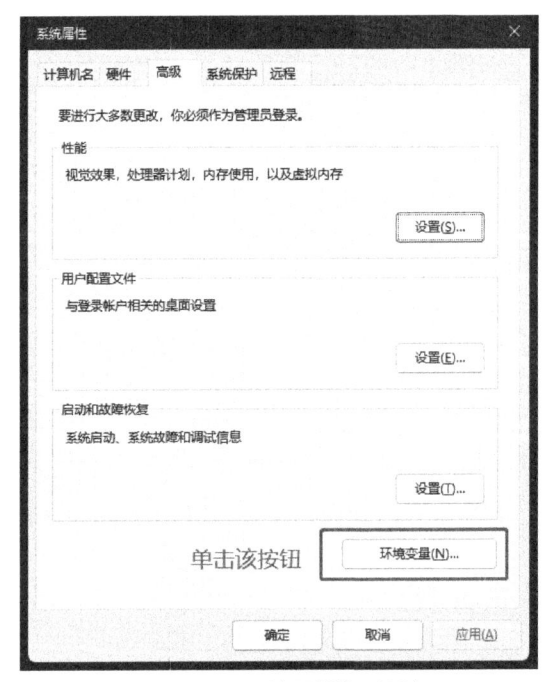

图 1.17 "系统属性"对话框

（2）单击"环境变量"按钮，将弹出"环境变量"对话框，如图1.18所示，选中"系统变量"栏中的Path变量，然后单击"编辑"按钮。

图1.18 "环境变量"对话框

（3）在弹出的"编辑系统变量"对话框中，在原变量值最前端添加"D:\Python311;D:\Python311\Scripts;"，变量值最后的";"不要丢掉，它用于分割不同的变量值。另外，D盘为笔者安装Python的路径，读者可以根据自身实际情况进行修改，单击"确定"按钮完成环境变量的设置。

注意：不能删除系统变量Path中的原有变量值，并且其中的分号为英文半角状态下输入，否则会产生错误。

（4）在命令行窗口中，输入python命令，将进入到Python交互式解释器中。

1.4.2 如何在Python交互模式中运行.py文件

在1.2.3小节中已经介绍了如何在Python交互模式中直接编写并运行Python代码。那么如果已经编写好一个扩展名为.py的Python文件，应该如何运行它呢？要运行一个已经编写好的文件，可以在命令行窗口，输入以下格式的代码：

```
python 完整的文件名（包含路径）
```

例如，要运行 D:\Python\dcmo.py 文件，可以使用下面的代码：

```
python D:\Python\dcmo.py
```

运行结果如图 1.19 所示。

图 1.19　Python 交互模式下运行 .py 文件

小技巧：在运行 .py 文件时，如果文件名或者路径比较长，可先在命令行窗口中输入 python 加一个空格，然后直接把文件拖拽到空格的位置，这时文件的完整路径将显示在空格的右侧，再按下 <Enter> 键运行即可。

1.5　小结

本章首先对 Python 进行了简要的介绍，然后介绍了搭建 Python 开发环境的方法，接下来介绍了使用两种方法编写第一个 Python 程序，最后介绍了如何使用 Python 自带的 IDLE，以及常用的第三方开发工具。搭建 Python 开发环境和使用自带的 IDLE 是本章学习的重点。在学习了本章的内容后，希望读者能够搭建完成学习时需要的开发环境，并且完成第一个简单的 Python 程序，迈出 Python 开发的第一步。

1.6　练习题

1. 单选题

（1）在 IDLE 编辑器中按（　　）快捷键可以运行程序代码。

　　A. F5　　　　　B. Ctrl+F5　　　　　C. Shift+F5　　　　　D. Ctrl+F10

（2）在命令提示符中，输入（　　）命令进入 Python。

　　A. print()　　　B. Python –V　　　　C. python　　　　　D. showconfig

（3）Python 第一个版本发布于（　　）年。

　　A. 1989　　　　B. 1990　　　　C. 1991　　　　D. 1992

（4）Python 语言属于（　　）

　　A. 高级语言　　B. 低级语言　　C. 机器语言　　D. 汇编语言

（5）下面选项中不是 Python 应用领域的是（　　）。

　　A. Web 开发　　B. 大数据处理　　C. 游戏开发　　D. 图片编辑

2. 填空题

（1）程序语言种类繁多，可以分为＿＿＿＿、＿＿＿＿和＿＿＿＿。

（2）PyCharm 是由 JetBrains 公司开发的一款 Python 开发工具，可以在＿＿＿＿、＿＿＿＿和＿＿＿＿操作系统中使用。

（3）Python 是一种解释型，面向＿＿＿＿的动态编程语言。

（4）在 IDLE 编辑器中，浏览上一条语句的快捷键是＿＿＿＿。

（5）Python 文件的扩展名是＿＿＿＿。

3. 程序设计题

编程程序，尝试使用 Python 打印输出你的个人信息。

第 2 章
Python 语言基础

2.1 Python 的语法特点

Python 语言诞生至今，其简洁、可扩展的设计理念得到了业界的广泛认可。Python 语言拥有丰富的第三方库，几乎覆盖了数据处理、机器视觉、文本处理、自动化编程、逻辑控制等信息技术的所有相关领域。并且 Python 语言能够通过代码封装的方法实现与其他编程语言结合使用，进一步拓展应用场景，降低使用复杂度。

学习 Python 首先需要了解它的语法，如注释规则、代码缩进、编码规范、数据类型等。本章将详细介绍这些内容。

2.1.1 注释

请看如下一段代码：

```
print("Hello World!")
print("这是我的第一个 Pyhon 程序")
```

对于没有学习过 Python 的人来说，可能会问这段代码是什么意思呢？是否可以在程序中加入说明来解释这条语句的作用，让阅读代码的人更容易看明白呢？回答是肯定的，可以使用代码注释来实现这个功能。

在程序中，注释就是对代码的解释和说明，用于提高代码的可读性，便于程序的后期维护。Python 解释器在执行代码时会忽略掉注释部分。

在 Python 中，通常包括两种类型的注释，分别是单行注释、多行注释。

1. 单行注释

在 Python 中，使用"#"作为单行注释的标识。从符号"#"开始直到换行为止，后面所有的内容都作为注释的内容，并被 Python 解释器忽略，不参与程序运行。

单行注释可以作为单独的一行放在程序中需要被注释代码行的上方，也可以与需要被注释的代码同行,放在该行代码的尾部。

语法如下:

```
#要求输入年龄:如20
age = int(input("请输入您的年龄:"))
```

或者:

```
age = int(input("请输入您的年龄:"))    #要求输入年龄:如20
```

2. 多行注释

当 Python 程序中注释的内容较多,导致一行无法显示时,就可以使用多行注释。Python 中使用三个连续的单引号(''')或者三个连续的双引号(""")作为注释的起始标识和结束标识,将注释内容放于一对三引号之间,来表示多行注释。

注意:单引号或双引号必须使用英文半角格式,同一多行注释中起始的三引号与结束的三引号必须一致。此外,在使用多行注释时,作为起始标识的三引号需要从代码行的最左边开始输入,即三引号前面不要有空格,否则程序会报错(定义函数时,函数内的多行注释需要与函数体一同缩进)。语法格式如下:

```
'''
注释内容1
注释内容2
'''
```

或者:

```
"""
注释内容1
注释内容2
"""
```

2.1.2 代码缩进

Python 采用代码缩进和英文的冒号":"区分代码之间的层次。

缩进可以使用空格键或者 <Tab> 键实现。使用空格键时,通常情况下采用 4 个空格作为一个缩进量,而使用 <Tab> 键时,则采用一个 <Tab> 键作为一个缩进量。例如,下面代码中的缩进为正确的缩进。

```
if 7 > 2:
    print("Hello World!")
```

Python通过严格的缩进方式指示代码块,同一个级别的代码块的缩进量必须相同。如果不采用规范的代码缩进,程序将在运行时抛出 SyntaxError 异常。例如,在图 2.1 的代码中,第二行中缩进了 4 个空格,第三行缩进了 3 个空格,程序运行时抛出了异常。

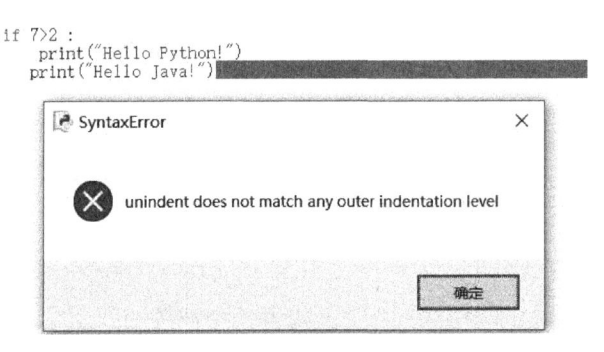

图 2.1　缩进量不同导致的 SyntaxError 错误

在 IDLE 开发环境中,一般以 4 个空格作为基本缩进单位。不过也可以选择"Options"—"Configure IDLE"菜单项,再打开的"Settings"对话框(如图 2.2 所示)的"Windows"选项卡中"Indent spaces"选项,修改基本缩进量,这里的 4 就是设置为 4 个空格为基本缩进单位。

图 2.2　修改基本缩进量

2.1.3 关键字

关键字也称保留字，是 Python 中一些已经被赋予特定意义的单词或单词缩写。编写程序时不能把这些关键字作为定义变量、函数、类、模块和其他对象的标识符来使用。Python 中的这些关键字都存储在 keyword 模块中，可以在导入 keyword 模块后，使用 keyword.kwlist 命令来查看所有关键字，代码如下所示：

```
import keyword
print(keyword.kwlist)
```

运行结果如图 2.3 所示。

```
['False', 'None', 'True', 'and', 'as', 'assert', 'async', 'await', 'break', 'class', 'continue', 'def', 'del', 'elif', 'else', 'except', 'finally', 'for', 'from', 'global', 'if', 'import', 'in', 'is', 'lambda', 'nonlocal', 'not', 'or', 'pass', 'raise', 'return', 'try', 'while', 'with', 'yield']
```

图 2.3　显示 python 中的关键字

注意：Python 中所有关键字都是区分字母大小写的。例如 for 是关键字，FOR、For 就不是关键字。

2.1.4 标识符

生活中，人们常用一些名称来标识事物。例如，每种水果都有一个名称来标识。若需要在程序中表示一些事物，开发人员需要自定义一些符号和名称，这些符号和名称就是标识符。它主要用来表示变量、函数、类、模块和其他对象的名称。

Python 语言标识符命名规则如下：

（1）由字母（A–Z、a–z）、下划线"_"和数字组成，且第一个字符不能是数字。

正确示范：

```
userId
user_id
User1
_user
```

错误示范：

```
2user      #以数字开头
```

（2）不能使用 Python 语言中的关键字。

（3）Python 中的标识符不能包含空格、@、% 和 $ 等特殊字符，如下所示。

错误示范:
```
@user
user$
us%er
us er      # 包含空格
```

(4) 在 Python 中,标识符中的字母是严格区分大小写的。如果多个标识符中的字母相同,但大小写不同,那么它们就是不同的标识符,例如下面这 3 个标识符表示的是 3 个完全独立的变量。

```
userid = 2
Userid = 2
USERID = 2
```

2.2 变量

2.2.1 理解 Python 中的变量

变量可以理解为一个存放内容的空间,比如宾馆的 2023 号房间,每天会住不同的人,但这个容身之所不变。再比如一个篮子,里边可以放水果,也可以装糕点。在 Python 中与此类似,变量一旦建立你可以在里面放置任何类型的数据。

在大多数编程语言中,都把"给变量赋值"这一过程称为"把数据存储在变量中",Python 中也是如此,通过变量来使用数据。你不需要知道变量中的数据存储在内存中的具体位置,只需要记住定义变量时所用的名字,需要使用数据时,对变量名进行操作就可以了。变量名是标识符的一种。

2.2.2 变量的定义与使用

1. 变量命名

变量名必须是一个有效的标识符,标识符的命名规则在前面的内容中已经讲过,这里不再复述。变量的命名并不是任意的,应遵循以下规则:

(1)变量名不能使用 Python 中的关键字。

(2)命名时,应尽量做到"见名知意"。

2. 常用的命名方法

(1)大驼峰命名法:每一个单词首字母要大写。

例如:MyName

（2）小驼峰命名法：第一个单词的首字母小写，其余单词首字母大写。

例如：myName

（3）下划线命名法：每两个单词之间以下划线（_）相连。

例如：my_name

3. 变量的定义

在 Python 中，不需要先声明变量名及其类型，直接赋值即可定义各种类型的变量。为变量赋值可以通过等号（=，即赋值运算符）来实现。语法格式为：

```
变量名 = value
```

注意： 虽然在 Python 中不需要先声明变量，但对所使用的变量，要先赋值，后使用。

例如，创建一个整型变量，并为其赋值为 100，可以使用下面的语句：

```
number = 100        #创建变量 number 并赋值为 100，该变量为整型
```

这样创建的变量就是整型的变量，在后面的语句中就可以使用 number 这个变量了；如果没有赋值就使用，则程序会报错。

如果直接为变量赋值一个字符串值，那么该变量即为字符串类型的变量，例如下面的语句：

```
var = "非淡泊无以明志,非宁静无以致远"        #字符串类型的变量
```

另外，Python 是一种动态类型的语言，变量的类型可以随时变化。例如，在 Python 编辑器中，创建变量 var，并赋值为字符串"非淡泊无以明志,非宁静无以致远"，然后输出该变量的类型，可以看到该变量为字符串类型。也可以将该变量重新赋值为数值 1024，并输出该变量的类型，可以看到该变量为整型。运行过程如下：

```
var = "非淡泊无以明志,非宁静无以致远"   #此时变量 var 为字符串类型变量
print(type(var))
```

运行结果如图 2.4 所示。

<class 'str'>

图 2.4 显示第一次赋值后变 var 的数据类型

```
var = 1024   #重新赋值后，变量 var 为整型的变量
print(type(var))
```

运行结果如图 2.5 所示。

<class 'int'>

图 2.5　显示重新赋值后变 var 的数据类型

说明：在 Python 语言中，使用内置函数 type() 可以返回变量类型。

在 Python 中，允许多个变量指向同一个值。例如：在程序中将两个变量都赋值为数字 2023，再分别应用内置函数 id() 获取变量的内存地址，将得到相同的结果，如下所示。

```
num1 = num2 = 2023
print(id(num1))
print(id(num2))
```

运行结果如图 2.6 所示。

3125025647024
3125025647024

图 2.6　显示赋于相同值的两个变量的 id 值

说明：在 Python 语言中，内置函数 id() 用于获取指定对象的内存地址。图 2.6 显示的结果，为当次程序执行时显示的结果，而再次执行程序时，显示的结果并不会与上一次相同。

4. 变量的删除

在 Python 中，可以使用 del 语句删除变量，即将变量从内存中移除。

del 语句的语法是：

```
del variableName
```

例如，使用 del 语句删除单个变量：

```
del var
```

如果同时删除多个变量，则多个变量名间可用","分隔。

```
del var1, var2, var3
```

注意：被删除的变量，在该程序中，不能再使用。

2.3 基本数据类型

程序中往往需要处理多种类型的数据，不同的数据类型代表着不同的数据含义。例如：一个人的姓名可以用字符型数据表示，年龄可以使用数值型数据表示，兴趣爱好可以使用集合型数据表示，婚姻状况可以使用布尔型数据表示。这里的字符型、数值型、集合型和布尔型都是 Python 语言中提供的基本数据类型。下面将分别介绍 Python 中的基本数据类型。

2.3.1 数值

日常生活中，我们会用到多种数字，例如个人的年龄、身高、体重、存款金额等，都属于数值型的数据，大家平时管理体重、理财等，监控的对象就是这些数值。

在 Python 中，数值可以使用数值类型的变量进行存储。当你为某个变量指定一个数值时，数值型变量就会被创建，如下所示：

```
var1 = 10
var2 = 3.14
```

Python 支持 4 种不同的数值类型：整型（int）、浮点型（float）、复数型（complex）、布尔型（bool）。

1. 整型（int）

整型即整数类型，用于表示整数，理论上没有取值范围限制（实际上计算机内存有限，不可能无限大）。

```
age = 17          #创建变量 age 并赋值为 17，该变量为整型
```

如果在程序中，定义一个人的年龄信息，就可以使用上面的表达式。

请大家想一想，还有哪些信息通常都会用整型的数值来表示呢？

2. 浮点型（float）

浮点型指带有小数的数值类型。我们到超市去购物时，经常会计算所购物品的总金额，例如 1 块巧克力 3.9 元，1 瓶矿泉水 2.3 元，你总共消费了多少钱呢？很明显，表示购买的商品价格的数字，是带有小数位的，可以用浮点型的数值来表示。

```
chocolate = 3.5
water = 2.3
total = chocolate + water      #计算两个变量的和，存放于变量 total 中
```

注意：两个整数，进行除法运算时，即使被除数能被除数整除，得到的结果也为浮点数。

例如：

```
x = 4
y = 2
z = x/y
print(z)
print(type(z))
```

运行结果如图2.7所示。

```
2.0
<class 'float'>
```

图2.7　两个整数相除，得到的数值为浮点数

3. 复数型（complex）

Python还支持复数，复数由实数部分和虚数部分构成，可以用a+bj，或者complex(a,b)表示，复数的实部a和虚部b都是浮点型。

```
number_complex = 23 + 5j
print(type(number_complex))
```

运行结果如图2.8所示。

```
<class 'complex'>
```

图2.8　输出复数的变量类型

4. 布尔型（bool）

布尔型主要用来表示真值或假值。在Python中，标识符True（真）和False（假）被解释为布尔值。另外，Python中的布尔值可以转化为数值，True表示1，False表示0。

说明：Python中的布尔型的值可以进行数值运算，例如，"False+1"的结果为1。布尔型是整型的子类型，但是不建议对布尔型的值进行数学运算。

对于在Python程序中所用的数值，我们可以用type()函数来查询变量所指的对象类型，如下所示：

```
num_a = 20
num_b = 5.5
```

```
num_c = True
num_d = 4 + 3j
print(type(num_a))
print(type(num_b))
print(type(num_c))
print(type(num_d))
```

运行结果如图 2.9 所示。

```
<class 'int'>
<class 'float'>
<class 'bool'>
<class 'complex'>
```

图 2.9　输出所定义的 4 种数值型变量的对象类型

▶ **实例 2-01　数字化国旗信息**

中华人民共和国国旗是五星红旗。中华人民共和国国旗是中华人民共和国的象征和标志。每个公民和组织，都应当尊重和爱护国旗。你知道我们的国旗有哪几种尺度吗？

国旗之通用尺度定为如下五种：

（1）长 288 厘米，高 192 厘米。

（2）长 240 厘米，高 160 厘米。

（3）长 192 厘米，高 128 厘米。

（4）长 144 厘米，高 96 厘米。

（5）长 96 厘米，高 64 厘米。

请分别用变量表示五种尺度国旗的长、高信息。

参考代码如下：

```
flag_a_length = 288
flag_a_height = 192
flag_b_length = 240
flag_b_height = 160
flag_c_length = 192
flag_c_height = 128
flag_d_length = 144
flag_d_height = 96
flag_e_length = 96
flag_e_height = 64
```

请大家想一想,平时学校升旗,使用的是哪种尺寸的国旗呢?

2.3.2 字符串

我们的姓名、性别、家庭住址、学校、就读专业……很多信息都需要用一个或多个字符来表示,在 Python 中这类数据可以用字符串型来表示。

字符串就是连续的字符序列,可以是计算机所能表示的一切字符的集合。在 Python 中,字符串属于不可变序列,通常使用一对单引号('…')、双引号("…")或者三引号('''…'''或"""…""")括起来。这三种引号形式在语义上没有差别,只是在形式上有些差别。其中单引号和双引号中的字符串必须在一行上,而三引号内的字符串可以分布在连续的多行上。

代码如下:

```
title = '我喜欢的名言'                          #使用单引号,字符串内容必须在一行
mot_cn = "哲学家们只是用不同的方式解释世界,而问题在于改变世界。"
#使用双引号,字符串内容必须在一行
#使用三引号,字符串内容可以分布在多行
mot_en = '''The philosophers have only interpreted the world in different ways,
but the problem is to change the world.'''
print(title)
print(mot_cn)
print(mot_en)
```

运行结果如图 2.10 所示。

```
我喜欢的名言
哲学家们只是用不同的方式解释世界,而问题在于改变世界。
The philosophers have only interpreted the world in different ways,
but the problem is to change the world.
```

图 2.10 输出所定义字符串

注意:字符串开始和结尾使用的引号形式必须一致。另外当需要表示复杂的字符串时,还可以嵌套使用引号。

Python 中的字符串还支持转义字符。所谓转义字符是指使用反斜杠"\"对一些特殊字符进行转义。常用的转义字符如表 2.1 所示。

表 2.1 Python 语言中常用的转义字符

转义字符	说明
\	续行符（在行尾时）
\n	换行符
\0	空
\t	水平制表符，即 Tab 键
\"	双引号
\'	单引号
\\	一个反斜杠

注意：并非所有的两端加引号的字符串都会原样输出，当遇到转义字符时，其格式会发生变化。

字符串是一组字符序列，一经定义不可变，当需要访问字符串中的某个或某几个连续字符时，需要知道它（们）在字符串中的索引位置，以 "Hello Python!" 为例，该字符串中每个字符对应的索引如表 2.2 所示。

表 2.2 Python 字符串的位置索引表

字符及索引	字符所在位对应的索引值												
字符	H	e	l	l	o		P	y	t	h	o	n	!
正向索引	0	1	2	3	4	5	6	7	8	9	10	11	12
反向索引	-13	-12	-11	-10	-9	-8	-7	-6	-5	-4	-3	-2	-1

截取字符串，可以使用切片操作，格式如下所示：

string [start : end : step]

上面表达式中的各参数的含义如下：

（1）string：表示要被截取的字符串。

（2）start：表示要截取的第一个字符的索引位置，如果不指定则默认为 0。

（3）end：表示要截取到的字符的索引位置，但并不包括以 end 为索引位置的字符，如果不指定则默认为字符串的长度。

（4）step：表示步长，可以省略，默认为 1。

▶ **实例 2-02** 字符串输出

在 Python 编辑器中创建一个名称为 "string.py" 的文件，并在其中编写代码如下：

```
str = "python.org"
print(str)                  # 输出完整字符串
print(str[:])               # 输出完整字符串，与上一条语句意义相同
print(str[0])               # 输出字符串中正向索引值为 0 的字符，即从左数第一个字符
print(str[1:4])             # ?
print(str[2:])              # 输出从正向索引值为 2 的字符开始的字符串
print(str[-1:-6:-1])        # 输出反向索引的第一个到第五个字符，并且输出的字符反序
print(str[::-1])            # 反向输出整个字符串
print(str[::2])             # ?
print(str * 2)              # 输出字符串两次
print("www." + str )        # 输出连接的字符串
```

运行结果如图 2.11 所示。

```
python.org
python.org
p
yth
thon.org
gro.n
gro.nohtyp
pto.r
python.orgpython.org
www.python.org
```

图 2.11　输出指定字符串及字符串切片的值

思考：看到执行结果，你能解释一下程序中注释里标有"？"语句的作用吗？

2.3.3　列表

Python 中的列表和我们手机中的通讯录类似，是由一系列按特定顺序排列的元素组成的。它是 Python 中内置的可变序列，具有如下特点：

（1）在形式上，列表的所有元素都放在一对中括号"[]"中。

（2）两个相邻元素间使用逗号分隔。

（3）在内容上，可以将整数、实数、字符串、列表、元组、字典、集合等任何类型的数据放入到列表中。

（4）在同一个列表中，元素的类型可以不同，元素之间可以没有任何关系。

（5）列表中的每一个元素都是可变的。

（6）列表中的元素是有序的。

由此可见，Python 中的列表是非常灵活的。

1. 列表的创建和删除

在 Python 中提供了多种创建列表的方法，下面分别进行介绍。

（1）使用赋值运算符直接创建列表

同 Python 中其他类型的数据一样，创建列表时，可以使用赋值运算符"="直接将一个列表赋值给变量，语法格式如下：

```
listname = [element1, element2, element3, ..., elementn]
```

其中，listname 表示列表的名称，可以是任何符合 Python 命名规则的标识符；"element1，element2..."表示列表中的元素，列表中元素的个数没有限制，且只要是 Python 支持的数据类型就可以。例如，下面定义的列表都是合法的：

```
numbers = [7, 14, 21, 28, 35, 42]
letters = ['A','b','C','d']
hybrid = ['Python',28,'C',['1','2','3']]
Python = ['优雅','明确','简单']
```

（2）创建空列表

在 Python 中，也可以创建空列表，例如，要创建一个名称为 list_a 的空列表，可以使用下面的代码：

```
list_a = []
```

（3）使用 list() 函数创建列表

在 Python 中，可以使用 list() 函数接收一个可迭代类型（可迭代对象包括字符串、列表、元组、字典、集合等数据类型。数值类型不可迭代）的数据，返回一个列表。

list() 函数的基本语法如下：

```
list(data)
```

其中，data 表示可以转换为列表的数据，其类型可以是 range 对象、字符串、元组或者其他可迭代类型的数据。

```
list_b = list('Hello World!')
print(list_b)
```

运行结果如图 2.12 所示。

['H', 'e', 'l', 'l', 'o', ' ', 'W', 'o', 'r', 'l', 'd', '!']

图 2.12 输出使用 list() 函数创建的列表 list_b 的值

```
list_c = list((9,'a','Python'))        #(9,'a','Python')为元组
print(list_c)
```

运行结果如图 2.13 所示。

[9, 'a', 'Python']

图 2.13 输出使用 list() 函数创建的列表 list_c 的值

在 Python 中，还可以使用 list() 函数直接将 range() 函数循环出来的结果转换为列表。

range() 函数格式说明如下：

```
range(start,stop,step)
```

参数说明：

start：计数从 start 开始，默认是从 0 开始。例如 range(6)，等同于 range(0,6)。

stop：计算到 stop 结束，但不包括 stop。例如 range(0,6)，是包含数字 [0,1,2,3,4,5]，其中并没有 6。

step：步长，默认为 1。例如 range(0,6)，等同于 range(0,6,1)

例如，创建一个 10—20 之间（不包括 20）所有偶数的列表，可以使用下面的代码：

```
list_d = list(range(10,20,2))
print(list_d)
```

执行以上代码后，将得到如图 2.14 所示结果。

[10, 12, 14, 16, 18]

图 2.14 创建特定偶数区间列表的程序运行结果

（4）删除列表

对于已经创建的列表，不再使用时，Python 提供了 del 语句用于删除不再使用的列表。语法格式如下：

```
del listname
```

其中，listname 为要删除列表的名称。

说明：del 语句在实际开发时，并不常用。因为 Python 自带的垃圾回收机制会自动销毁不用的列表，所以即使我们不用 del 语句将其删除，Python 也会自动将其回收。

2. 访问列表元素

在 Python 中，可以直接使用 print() 函数将列表的内容进行输出。例如，创建一个名称为 list_e 的列表，并打印该列表，可以使用下面的代码：

```
list_e = ['Web 开发',' 网络爬虫 ',' 数据分析 ',' 云计算 ',' 人工智能 ',' 自动化运维 ']
print(list_e)
```

运行结果如图 2.15 所示。

```
['Web开发', '网络爬虫', '数据分析', '云计算', '人工智能', '自动化运维']
```

图 2.15　创建名称为 list_e 的列表程序运行结果

从上面的运行结果中可以看出，在输出列表时，是包括左右两侧的中括号的。

如果只需要使用列表中的部分元素，与字符串一样，可以使用索引来访问列表中的指定元素。

以 list_e = ['Web 开发 ',' 网络爬虫 ',' 数据分析 ',' 云计算 ',' 人工智能 ',' 自动化运维 '] 为例：

```
# 表示列表中索引值为 0 的元素 'Web 开发 '
list_e[0]
# 表示列表中索引值为 2 的元素 ' 数据分析 '
list_e[2]
# 表示列表中索引值为 1 到 2 的元素 [' 网络爬虫 ',' 数据分析 ']，不包括索引值为 3 的元素
list_e[1:3]
```

请尝试用 print() 函数输出上面语句所表示的值，看看与注释中的说明是否一致。

3. 列表元素的添加、修改和删除

添加、修改和删除列表元素也称为更新列表。在实际开发时，经常需要对列表进行更新。下面我们介绍如何实现列表元素的添加、修改和删除。

（1）添加元素

① append() 方法

Python 提供了用于列表对象的 append() 方法，可以实现在列表的末尾追加元素的功能。此外，还可以通过 "+" 号将两个列表连接实现为列表添加元素。但是这种方法的执行速度要比直接使用列表对象的 append() 方法慢，所以通常情况下，建议使用列表对象的 append() 方法实现列表元素的添加。语法格式如下：

```
listname.append(obj)
```

其中，listname 为要添加元素的列表名称，obj 为要添加到列表末尾的对象。

例如，定义一个包括 3 个元素的列表，然后应用 append() 方法向该列表的末尾添加一个元素，可以使用下面的代码：

```
phone = ['华为','小米','vivo']
print(len(phone))      # len(phone) 获取列表的长度
print(phone)
phone.append('荣耀')
print(len(phone))
print(phone)
```

运行结果如图 2.16 所示。

```
3
['华为','小米','vivo']
4
['华为','小米','vivo','荣誉']
```

图 2.16　应用 append() 方法添加元素的程序运行结果

② insert() 方法

insert() 方法用于按照索引值将新元素插入到列表中的指定位置，insert() 方法的语法格式如下：

```
listname.insert(index，obj)
```

其中，listname 为要插入元素的列表名称，index 为要插入新元素的指定位置（原来该位置的元素及其以后的所有元素，都自动后移一个位置），obj 为要插入到该索引位置的元素。

例如：

```
phone = ['华为','小米','vivo']
print(phone)
phone.insert(1,'荣耀')
print(phone)
```

运行结果如图 2.17 所示。

['华为','小米','vivo']
['华为','荣耀','小米','vivo']

图 2.17　应用 insert() 方法添加元素的程序运行结果

注意：insert() 方法的执行效率没有 append() 方法高，所以不推荐这种方法。

③ extend() 方法

上面介绍的是向列表中添加一个元素，如果想要将一个列表中的全部元素追加到另一个列表中，可以使用列表对象的 extend() 方法实现。extend 方法的语法如下：

```
listname.extend(seq)
```

其中，listname 原列表，seq 为要添加的列表。语句执行后，列表 seq 的内容将追加到列表 listname 的后面。

```
citys_a = ['北京','上海']
citys_b = ['广州','深圳']
citys_a.extend(citys_b)
print(citys_a)
```

运行结果如图 2.18 所示。

['北京','上海','广州','深圳']

图 2.18　应用 extend() 方法追加元素的程序运行结果

注意：extend() 方法使用可迭代对象作为参数，向列表中追加元素，除前面提到的列表以外，还可以将字符串、元组、集合、字典等数据类型中的元素作为单个元素追加到列表中。如果追加的是字典类型的数据，则只将字典中的"键"追加到列表中。

（2）修改元素

修改列表中的元素只需要通过索引获取该元素，然后再为其重新赋值即可。例如，定义 1 个包含 5 个元素的列表，然后修改索引值为 2 的元素，代码如下：

```
numbers = [85, 96, 75, 100, 90]
print(numbers)
numbers[2] = 89
print(numbers)
```

运行结果如图 2.19 所示。

```
[85, 96, 75, 100, 90]
[85, 96, 89, 100, 90]
```

图 2.19 修改元素的程序运行结果

（3）删除元素

删除列表中的元素，通常用以下三种方法。

① del 语句

删除列表中的指定元素和删除列表类似，可以使用 del 语句实现。所不同的就是在指定列表名称时，换为列表元素。例如，定义一个保存 5 个元素的列表，删除最后一个元素，可以使用下面的代码：

```
numbers = [85, 96, 75, 100, 90]
del numbers[-1]          #逆向索引，指列表中的最后一个元素
print(numbers)
```

运行结果如图 2.20 所示。

```
[85, 96, 75, 100]
```

图 2.20 根据索引删除元素的程序运行结果

② pop() 方法

可以使用列表的 pop() 方法根据索引值移除列表中的某个元素，如果没有指定具体索引值，则移除列表中的最后一个元素。例如，要删除列表中内容为"三星""索尼"的元素，可以使用下面的代码：

```
company = ["华为","腾讯","中兴","三星","万科","索尼"]
print(company)
company.pop()         #移除列表中最后一个元素
print(company)
company.pop(3)        #移除列表中对应索引位置的元素
print(company)
```

运行结果如图 2.21 所示。

```
['华为','腾讯','中兴','三星','万科','索尼']
['华为','腾讯','中兴','三星','万科']
['华为','腾讯','中兴','万科']
```

图 2.21　使用 pop() 方法删除元素的程序运行结果

③ remove() 方法

使用列表的 remove() 方法，可以删除列表中第一个指定的元素，如果列表中不存在指定的元素，程序会抛出异常。例如 pop() 方法中的代码，可以使用 remove() 方法改写如下：

```
company = ["华为","腾讯","中兴","三星","万科","索尼"]
print(company)
company.remove("索尼")      #移除列表中值为"索尼"的元素
print(company)
company.remove("三星")      #移除列表中值为"三星"的元素
print(company)
```

请验证一下，这段代码的运行结果是否与图 2.21 中所示相同。

▶ 实例 2-03　四大名著人物归类

中国古典长篇小说四大名著，是指《水浒传》《三国演义》《西游记》《红楼梦》这四部巨著。四大古典名著不仅是中国文学史中的经典作品，更是世界宝贵的文化遗产。此四部巨著中跌宕起伏的故事情节、鲜明细致的人物刻画和所蕴含的深刻思想都为历代读者所称道，书中的内容深深地影响着整个民族的思想观念和价值取向。

接下来，需要我们根据四大名著的作者及其中的人物来完成下面的程序。

已有列表 novel_shz、novel_sgyy、novel_xyj、novel_hlm 分别存储《水浒传》《三国演义》《西游记》《红楼梦》的相关信息，但里面的信息不完全准确。请你运用所学的列表相关操作，实现如下要求：

（1）使每个列表中的信息都与其对应的名著相关；

（2）删除列表中不属于相关名著的信息；

（3）输出处理后的四个列表的信息。

```
novel_shz = ['施耐庵','孙悟空','林冲']
novel_sgyy = ['吴承恩','贾宝玉','赵云']
novel_xyj = ['罗贯中','唐僧','林黛玉']
novel_hlm = ['曹雪芹','郭靖','诸葛亮']
```

补充完成的程序参考代码如下：

```
novel_shz = ['施耐庵','孙悟空','林冲']
novel_sgyy = ['吴承恩','贾宝玉','赵云']
novel_xyj = ['罗贯中','唐僧','林黛玉']
novel_hlm = ['曹雪芹','郭靖','诸葛亮']
swap_author = novel_sgyy[0]
novel_sgyy[0] = novel_xyj[0]
novel_xyj[0] = swap_author
novel_sgyy[1],novel_hlm[2] = novel_hlm[2],novel_sgyy[1]
novel_hlm.pop(1)
novel_hlm.append(novel_xyj[2])
novel_xyj[2] = novel_shz[1]
novel_shz.pop(1)
print(novel_sgyy)
print(novel_shz)
print(novel_hlm)
print(novel_xyj)
```

运行结果如图 2.22 所示。

```
['罗贯中', '诸葛亮', '赵云']
['施耐庵', '林冲']
['曹雪芹', '贾宝玉', '林黛玉']
['吴承恩', '唐僧', '孙悟空']
```

图 2.22　四大名著人物归类的程序运行结果

2.3.4 元组

元组（tuple）是 Python 中另一个重要的序列结构，与列表类似，也是由一系列按特定顺序排列的元素组成。与列表不同的是，元组是不可变类型，元组中的元素不能修改。在形式上，元组的所有元素都放在一对()中，两个相邻元素间使用","分隔；在内容上，可以将整数、实数、字符串、列表、元组等任何类型的内容放入到元组中，并且在同一个元组中，元素的类型可以不同，因为它们之间没有任何关系。通常情况下，元组用于保存程序中不可修改的内容。

说明：从元组和列表的定义上看，这两种结构比较相似，二者之间的主要区别为：元组是不可变序列，列表是可变序列，即元组中的元素不可以单独修改，而列表则可以任意修改。

1. 元组的创建和删除

在 Python 中提供了多种创建元组的方法，下面分别进行介绍。

（1）使用赋值运算符直接创建元组

同 Python 中其他类型的数据一样，创建元组时，可以使用赋值运算符"="直接将一个元组赋值给变量。语法格式如下：

```
tuplename = (element1, element2, element3, ..., elementn)
```

其中，tuplename 表示元组的名称，可以是任何符合 Python 命名规则的标识符；element1、element2、element3、elementn 表示元组中的元素，个数没有限制，并且只要为 Python 支持的数据类型就可以。如果要创建的元组只包括一个元素，则需要在定义元组时，在元素的后面加一个逗号（,），否则括号会被当作运算符使用。如下所示。

```
tuple_a = (5,)
```

（2）创建空元组

在 Python 中，也可以创建空元组，例如，创建一个名称为 tuple_b 的空元组，可以使用下面的代码：

```
tuple_b = ()
```

（3）使用 tuple() 函数创建元组

在 Python 中，可以使用 tuple() 函数接收一个可迭代类型的数据，返回一个元组。

tuple() 函数的基本语法如下：

```
tuple(data)
```

其中，data 表示可以转换为元组的数据，其类型可以是字符串、列表、range 对象元组或者其他可迭代类型的数据。

```
tuple_c = tuple("Hello World!")
print(tuple_c)
```

运行结果如图 2.23 所示。

（'H', 'e', 'l', 'l', 'o', ' ', 'W', 'o', 'r', 'l', 'd', '!'）

图 2.23　使用 tuple() 函数将字符串转换为元组的程序运行结果

```
tuple_d = tuple([9,'a','Python'])
print(tuple_d)
```

运行结果如图 2.24 所示。

（9, 'a', 'Python'）

图 2.24　使用 tuple() 函数将列表转换为元组的程序运行结果

```
tuple_e = tuple(range(1,10))
print(tuple_e)
```

运行结果如图 2.25 所示。

（1, 2, 3, 4, 5, 6, 7, 8, 9）

图 2.25　使用 tuple() 函数将 range 对象转换为元组的程序运行结果

（4）删除元组

对于已经创建的元组，不再使用时，可以使用 del 语句将其删除。语法格式如下：

```
del tuplename
```

tuplename 为要删除元组的名称。

说明：del 语句在实际开发时，并不常用。因为 Python 自带的垃圾回收机制会自动销毁不用的元组，所以即使我们不手动将其删除，Python 也会自动将其回收。

2. 访问元组元素

在 Python 中，如果想将元组的内容输出，可以直接使用 print() 函数即可。

（1）输出整个元组

可以使用 print() 函数，输出整个元组。在输出整个元组时，输出结果是包括左右两侧的小括号的。语法如下：

```
print(tuplename)
```

tuplename 为要输出元组的名称。

（2）输出元组中的部分元素

如果想要输出元组中的部分元素，与访问列表中的元素相似，也可以通过元组的索引获取指定的元素。另外，对于元组也可以采用切片方式获取指定的元素。语法如下：

```
'''
输出元组中索引值为 index 的元素
'''
print(tuplename[index])


'''
输出元组中索引值以 index1 开始到 index2 结束的多个元素
但不包括以 index2 为索引值的元素
'''
print(tuplename[index1:index2])
```

👉 **实例 2-04** 列出比亚迪新能源汽车相关销售信息

随着中国科技力量的快速崛起，中国的制造业也凭借其所生产产品的优秀品质被大众所认可，比亚迪就是这样一家非常具有代表性的中国企业，目前比亚迪新能源汽车不仅在国内的销量节节攀升，还远销欧洲市场。

一家代理销售比亚迪汽车的 4S 店，销售部分比亚迪"秦""汉""唐""宋""元"型号的汽车，上个月的销量冠军车型是"汉"，目前有现车的车型是"唐""宋"。请在 Python 编辑器中创建一个名称为 byd.py 的文件，然后在该文件中编写程序输出上面所列的三项数据。

程序参考代码如下：

```
byd_auto = ('秦','汉','唐','宋','元')
print("您好，我店目前共有五款比亚迪车型可供选择，分别是：")
print(byd_auto)
print("上个月的销量冠军车型是：")
print(byd_auto[1])
print("目前有现车的车型是：")
print(byd_auto[2:4])
```

运行结果如图 2.26 所示。

```
您好，我店目前共有五款比亚迪车型可供选择，分别是：
('秦','汉','唐','宋','元')
上个月的销量冠军车型是：
汉
目前有现车的车型是：
('唐','宋')
```

图 2.26　列出比亚迪新能源汽车相关销售信息的程序运行结果

3. "修改"元组元素

在本节的前面曾经提到过"元组中的元素不能修改"，那为什么在这里又提到修改元组呢？其实这里谈的并不是真正的修改，而是创建了一个新的元组，原来的元组和新的元组的地址并不一样。

在 Python 编辑器中创建一个名称为 byd_replace.py 的文件，然后在该文件中，定义一个包含"秦""汉""唐""宋""元"五个元素的元组，代表为比亚迪 4S 店里的车型名称，然后修改其中的第 5 个元素的内容为"海豹"，代码如下：

```
byd_auto = ('秦','汉','唐','宋','元')
print('原元组地址 ',id(byd_auto))
byd_auto = ('秦','汉','唐','宋','海豹')
print('新元组地址 ',id(byd_auto))
print("新元组",byd_auto)
```

元组是不可变序列，所以我们不能对它的单个元素值进行修改。但是元组也不是完全不能修改，我们可以对元组进行重新赋值，从程序运行的结果中看，原元组和新元组的地址并不一样，这样其实是创建了一个新元组。代码运行结果如图 2.27 所示。

```
原元组地址 1784378837008
新元组地址 1784378836848
新元组 ('秦','汉','唐','宋','海豹')
```

图 2.27　"修改"元组元素的程序运行结果

4. 元组和列表的区别

元组和列表都属于序列，而且它们又都可以按照特定顺序存放一组元素，类型又不受限制，只要是 Python 支持的类型都可以。那么它们之间有什么区别呢？列表和元组的区别主要体现在以下几个方面：

（1）列表属于可变序列，它的元素可以随时修改或者删除；元组属于不可变序列，其中的元素不可以修改，除非整体替换。

（2）列表可以使用 append()、extend()、insert()、remove() 和 pop() 等函数或方法实现添加、删除或修改列表元素，而元组没有这些方法，所以不能向元组中添加和修改元素。同样，元组也不能删除元素。

（3）列表可以使用切片访问和修改列表中的元素。元组也支持切片，但是它只支持通过切片访问元组中的元素，不支持修改。

（4）元组比列表的访问和处理速度快，所以当只是需要对其中的元素进行访问，而不进行任何修改时，建议使用元组。

（5）列表不能作为字典的键，而元组则可以。

2.3.5 字典

字典是一种无序的、可变的序列，它的元素以"键值对"（key: value）的形式存储，用于存放具有映射关系的数据。它相当于保存了两组数据，其中一组数据是关键数据，被称为 key；另一组数据可通过 key 来访问，被称为 value，如图 2.28 所示。

key1	→	value1
key2	→	value2
key3	→	value3
key4	→	value4
key5	→	value5

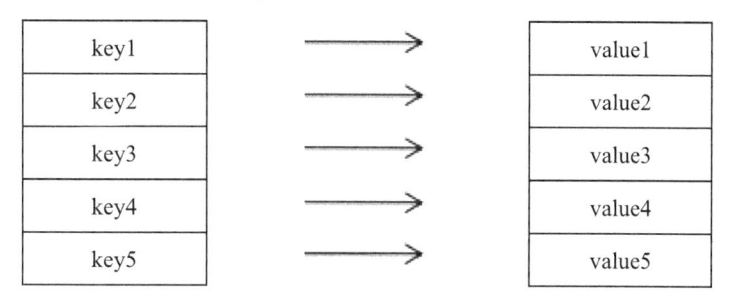

图 2.28　具有映射关系的数据

在 Python 中，字典与列表类似，也是可变序列（可变序列就是能执行增、删、改的操作），不过与列表不同，列表是一个有序的可变序列，而字典是无序可变序列，保存的内容是以"键值对"的形式存放的。

有序序列，是指可以使用位置索引的方式获取到值的数据类型，如字符串、列表、元组。有序序列的特点是元素按照位置索引顺序排序。字典不是有序序列，无法通过位置索引完成元素值的获取，只能通过键索引实现。

字典中每个元素都包含两部分，分别是键（key）和值（value），键和值之间使用冒号":"分隔，即键值对；相邻键值对之间使用","分隔，所有键值对放在大括号 {} 中。简单地说字典就是包含在大括号中的 n（n≥0）个键值对。

例如：

```
{'name':'Jack', 'age':'16', 'height':'176CM', 'weight':'60KG'}
```

1. 字典的创建和删除

（1）使用赋值运算符直接创建字典

语法格式如下：

```
dictionary = {'key1':'value1','key2':'value2', ...,'keyn':'valuen'}
```

参数说明：

dictionary：表示字典名称。

key1，key2，...，keyn：表示元素的键，必须是唯一的，并且不可变。例如，键可以是字符串、数值或者元组。

value1，value2，...，valuen：表示元素的值，可以是任何数据类型，可以重复。

可以按上述格式直接创建字典，例如：

```
dict_a = {'姓名':'李想','性别':'男','年龄':23,'学历':'本科'}
dict_b = {}            #创建空字典
print(dict_a)
print(dict_b)
```

运行结果如图 2.29 所示。

{'姓名':'李想','性别':'男','年龄':23,'学历':'本科'}

{}

图 2.29　使用赋值运算符创建字典输出所定义字典的内容

（2）使用 dict() 函数创建字典

方法一：使用 dict() 函数，通过给定的"键=值"序列对参数创建字典。

语法如下：

```
dictionary = dict(key1 = value1, key2 = value2, ..., keyn = valuen)
```

参数说明：

dictionary：表示字典名称。

key1，key2，…，keyn：相当于变量名，用于表示字典元素的键，不允许重复，并且要符合标识符命名规则，因此如果键是以数字开头，就不适用于这种方式。

value1，value2，…，valuen：表示元素的值，可以重复，可以是任何数据类型。

例如按下面的方式创建字典：

```
'''
表达式中的"SN301001、SN301001、SN301001"在这里相当于变量名，而不是字符串，所以不用加引号
'''
dict_c = dict(SN301001 = '李想', SN301002 = '方志', SN301003 = '刘成')
print(dict_c)
```

运行结果如图 2.30 所示。

{'SN301001'：'李想'，'SN301002'：'方志'，'SN301003'：'刘成'}

图 2.30　使用 dic() 函数创建字典输出所定义字典的内容

也可以使用 dict() 函数创建空字典：

```
dict_d = dict()
```

方法二：使用 dict() 函数，通过给定的"元组"创建字典。

语法如下：

```
tuple_element = ((key1,value1), (key2,value2), ..., (keyn,valuen))
dictionary = dict(tuple_element)
```

参数说明：

tuple_element：表示元组名称，先创建，里面的元素亦为元组（该元组对应转换为字典后的键值对，每个元组中包含两个元素，分别对应键和值）。

dictionary：表示字典名称。

key1，key2，…，keyn：为变量名，用于表示字典元素的键，不允许重复。

value1，value2，…，valuen：表示元素的值，可以重复，可以是任何数据类型。

▶ **实例 2-05** 使用 dict() 函数创建一个保存水果价格的字典

在 Python 编辑器中创建一个名称为"fruit.py"的文件，在该文件中，将包含水果名称及价格的信息存储于字典中，并且输出该字典。

分析：可以将每种水果的名称和其对应的价格，存储在一个小元组中，再将所有的小元组，构成一个大元组，然后将这个大元组转换为字典。

代码如下:

```
# 先定义符合格式的元组，然后再用dict()函数转换
tuple_fruit = (('西瓜','1.5元'),('桃子','5.0元'),('梨','2.0元'),('菠萝','4.0元'))
dict_fruit_a = dict(tuple_fruit)
print(dict_fruit_a)
# 直接使用dict()函数对符合格式的元组进行转换
dict_fruit_b = dict((('葡萄','3.5元'),('车厘子','35.0元'),('榴莲','12.0元'),('柚子','2.0元')))
print(dict_fruit_b)
```

运行结果如图 2.31 所示。

{'西瓜':'1.5元','桃子':'5.0元','梨':'2.0元','菠萝':'4.0元'}
{'葡萄':'3.5元','车厘子':'35.0元','榴莲':'12.0元','柚子':'2.0元'}

图 2.31　使用 dic() 函数创建一个水果价格的字典的程序运行结果

（3）删除字典

同列表和元组一样，不再需要的字典也可以使用 del 命令删除整个字典。

```
del dictionary
```

2. 访问字典

在 Python 中，如果想将字典的内容输出也比较简单，可以直接使用 print() 函数。例如，要想打印实例 05 中定义的 dict_fruit_a 字典，则可以使用下面的代码：

```
print(dict_fruit_a)
```

但是，在使用字典时，很少直接输出它的内容。一般需要根据指定的键得到相应的值。在 Python 中，访问字典中的元素可以通过下标的方式实现，与列表和元组不同，这里的下标不是索引号，而是键。例如，想要获取"西瓜"的价格、可以使用下面的代码：

```
print(dict_fruit_a['西瓜'])
```

运行结果得到该字典中键为"西瓜"的值"1.5元"，如图 2.32 所示。

1.5元

图 2.32　输出字典中指定键的值

3. 添加、修改和删除字典元素

（1）向字典中添加元素

由于字典是可变序列，所以可以随时在字典中添加"键值对"。向字典中添加元素的语法格式如下：

```
dictionary[key] = value
```

参数说明：

dictionary：表示字典名称。

key：表示要添加元素的键，不能与字典中已有的键重复，必须是唯一的，并且不可变。

value：表示元素的值，可以是任何数据类型，可以重复。

例如，以保存李想的个人信息为例，在创建的字典中添加其学历的一个键值对，并显示添加后的字典，代码如下：

```
dict_e = dict([('姓名','李想'),('性别','男'),('年龄',23),('电话','13233063258'),
              ('身高',18.3)])
dict_e["学历"] = "本科"
print(dict_e)
```

运行结果如图 2.33 所示。

{'姓名':'李想','性别':'男','年龄':'23','电话':'13233063258','身高':18.3,'学历':'本科'}

图 2.33　向字典添加元素的程序运行结果

在 2.32 图中我们可以看到，字典中又添加了一个键为"学历"的元素。

（2）修改字典中的元素

由于在字典中"键"必须是唯一的，如果新添加元素的"键"与已经存在的"键"重复，那么将使用新的"值"替换原来该"键"的值，这也相当于修改字典的元素。

例如，将李想的"学历"由本科更改为"研究生"，代码如下：

```
dict_f = dict([('姓名','李想'),('性别','男'),('年龄',23),('学历','本科'),
              ('电话','13233063258'),('身高',18.3)])
#更改字典中元素，将"键"为"学历"的元素的"值"，更改为"研究生"
dict_f["学历"] = "研究生"
print(dict_f)
```

运行结果如图 2.34 所示。

{'姓名':' 李想 ',' 性别 ':' 男 ',' 年龄 ':'23',' 学历 ':' 研究生 ',' 电话 ':'13233063258',' 身高 ':18.3}

图 2.34　更改字典中"键"的"值"程序运行结果

在程序运行结果中可以看到，程序运行后，"学历"被更改为"研究生"。

（3）删除字典中的元素

当字典中的某一个元素不需要时，可以使用 del 命令将其删除。

例如删除李想的"身高"键值对，代码如下：

```
dict_g = dict((('姓名','李想'),('性别','男'),('年龄',23),('学历','本科'),
              ('电话','13233063258'),('身高',18.3)))
del dict_g['身高']    #删除"身高"键值对
print(dict_g)
```

运行结果如图 2.35 所示。

{'姓名':' 李想 ',' 性别 ':' 男 ',' 年龄 ':'23',' 学历 ':' 本科 ',' 电话 ':'13233063258'}

图 2.35　删除字典中的元素的程序运行结果

在程序运行结果中可以看到，程序运行后，"身高"键值对被删除。

2.3.6 集合

Python 中的集合概念与数学中的集合概念类似，用于保存不重复元素的。在形式上，集合的所有元素都放在一对"{}"中，两个相邻元素间使用","分隔。集合最好的应用就是去掉重复元素，因为集合中的每个元素都是唯一的。集合属于无序的可变序列，因此不以通过位置索引访问集合中的某一个元素。

说明：在数学中，集合的定义是把一些能够确定的不同的对象看成一个整体。构成集合的这些对象则称为该集合的元素。

1. 集合的创建

在 Python 中提供了两种创建集合的方法：一种是直接使用创建，另一种是通过 set() 函数将列表、元组等可迭代对象转换为集合。这里推荐使用第二种方法。

（1）使用赋值运算符直接创建集合

在 Python 中，创建集合也可以像列表、元组和字典一样，直接将集合赋值给变量从而实现创建集合。语法格式如下：

```
setname = {element1, element2, element3, …, elementn}
```

参数说明:

setname：表示集合的名称，可以是任何符合 Python 命名规则的标识符。

element1, element2, element3, …, elementn：表示集合中的元素，个数没有限制，只要是 Python 支持的数据类型就可以。如下所示:

```
set_a = {1,'a',2,3,4,2,'b','c','a'}
print(set_a)
```

运行结果如图 2.36 所示。

{ 1, 2, 3, 4, 'b', 'c', 'a' }

图 2.36　输出所定义的集合

说明：在创建集合时，如果放入了重复的元素，Python 会自动只保留一个。

由于 Python 中的 set 集合是无序的，所以每次输出时元素的排列顺序可能都不相同。

（2）使用 set() 函数创建集合

在 Python 中，可以使用 set() 函数将列表、元组等其他可迭代对象转换为集合。语法格式如下:

```
setname = set(iteration)
```

参数说明:

setname：表示集合名称。

iteration：表示要转换为集合的可迭代对象，可以是列表、元组、range 对象等，也可以是字符串。如果是字符串，返回的集合将是包含全部不重复字符的集合。如下所示:

```
set_b = set([5,6,7,8])
set_c = set((9,10,11,12))
set_d = set('Hello World!')
set_e = set(range(2,9))
print(set_b)
print(set_c)
print(set_d)
print(set_e)
```

运行结果如图 2.37 所示。

{ 8, 5, 6, 7 }
{ 9, 10, 11, 12 }
{'1', ' ', 'W', 'H', 'e', 'o', '!', 'd', 'r'}
{ 2, 3, 4, 5, 6, 7, 8 }

图 2.37　输出使用 set() 函数创建的集合

2. 集合元素的添加和删除

集合是可变序列，所以在创建集合后，还可以对其添加或者删除元素。

（1）向集合中添加元素

向集合中添加元素可以使用 add() 方法实现，语法格式如下：

```
setname.add(element)
```

参数说明：

setname：表示要添加元素的集合。

element：表示要添加的元素内容，只能使用字符串、数值及布尔类型的 True 或者 False 等，不能使用列表、元组等可迭代对象。

```
set_f = set(range(1,9))
print(set_f)
set_f.add(100)
print(set_f)
```

运行结果如图 2.38 所示。

{1, 2, 3, 4, 5, 6, 7, 8}
{1, 2, 3, 4, 5, 6, 7, 8, 100}

图 2.38　输出原集合及添加新元素后的集合

（2）从集合中删除元素

在 Python 中，可以使用 del 命令删除整个集合，也可以使用集合的 pop() 方法随机删除一个元素或者使用 remove() 方法删除一个指定元素。还可以使用集合对象的 clear() 方法清空集合，即删除集合中的全部元素，使其变为空集合。

例如下列代码：

```
set_g = set([1, 2, 3, 4, 5, 6, 7, 8, 9, 3])
print(set_g)
```

```
set_g.pop()
print(set_g)


set_g.remove(9)
print(set_g)


set_g.clear()
print(set_g)


del set_g
print(set_g)
```

请尝试分析上列各行代码的结果，写于对应的 print() 语句下方。

▶ **实例 2-06 学生更改选学课程**

在学校的选修课开始选课时"李想，方志，刘成，赵天"四位同学选择了"Python"这门课程；"刘丽，陈刚，周宁，方志"四位同学选择了"C"这门课程。这其中，方志同学选了"Python"和"C"这两门课程。因两门课程在同一时间上课，所以方志必须退掉其中的一门课，他决定退掉"C"这门课程。田宇同学因最开始没有收到选课的消息，后来他补选了"Python"这门课程。请编写程序实现上述功能。

分析：可以使用集合来完成上述功能，创建一个名称为 group_add.py 的文件，然后在该文件中，定义一个包括 4 个元素的集合"Python"，并且应用 add() 函数向该集合中添加一个元素"田宇"，再定义一个包括 4 个元素的集合"C"，并且应用 remove() 方法从该集合中删除指定的元素"方志"，最后输出这两个集合。

参考程序代码如下：

```
python = set(['李想','方志','刘成','赵天'])
python.add("田宇")
c = set(['刘丽','陈刚','周宁','方志'])
c.remove('方志')
print("选择Python语言的学生有：",python,'\n')
print("选择C语言的学生有：",c,'\n')
```

运行结果如图 2.39 所示。

选择 Python 语言的学生有：{'田宇'，'刘成'，'赵天'，'方志'，'李想'}
选择 C 语言的学生有：{'田宇'，'刘丽'，'陈刚'}

图 2.39　学生更改选学课程的程序运行结果

2.3.7 数据类型转换

Python 是动态类型的语言，不需要像 Java 或者 C 语言一样在使用变量前先要声明变量的类型。虽然 Python 不需要先声明变量的类型，但在使用 Python 处理数据时，不可避免地要进行数据类型之间的转换，例如整型（int）、浮点型（float）、字符串类型（string）数据之间的转换是经常用到的。

Python 中数据的转换可以分为两类。一类是隐式类型转换，可以自动完成；一类是显式类型转换，需要使用类型函数来转换。本小节主要介绍显式类型转换。

1. 隐式类型转换

隐式类型转换，是指 Python 会根据程序执行的需要，自动将一种数据类型转换为另一种数据类型。

如下面的这段程序所示：

```
num_a = 5
print(type(num_a))
num_b = 1.2
print(type(num_b))
num_c = num_a + num_b
print(num_c)
print(type(num_c))
```

运行结果如图 2.40 所示。

```
<class 'int'>
<class 'float'>
6.2
<class 'float'>
```

图 2.40　隐式类型转换程序运行结果

从程序中可以看到，整型数据 num_a 和浮点型数据 num_b 进行运算，生成的结果存放于新变量 num_c 中，num_c 为浮点型。如果对两种不同类型的数据进行运算，较低数据类型就会转换为较高数据类型，最后得到的运算结果，为较高数据类型。

2. 显式类型转换

请先来看下面这段程序：

```
num_x = 345
print(type(num_x))
str_y = '678'
print(type(str_y))
z = num_x + str_y
```

运行结果如图 2.41 所示。

```
<class 'int'>
<class 'str'>
Traceback (most recent call last):
  File "C:/Python/第2章/显示类型转换（试错）.py", line 5, in <module>
    z=num_x+str_y
TypeError: unsupported operand type(s) for +: 'int' and 'str'
```

图 2.41　显式类型转换程序运行结果

因整型和字符串类型数据无法直接相加，所以运算程序会报错。Python 在这种情况下无法使用隐式转换，需要使用内置函数来执行显式类型转换。

在 Python 中，提供了如表 2.3 所示的内置函数进行数据类型的转换。

表 2.3　常用类型转换函数及其作用

函数	作用
int(x)	将 x 转换成整数类型
float(x)	将 x 转换成浮点数类型
complex(x [,image])	创建一个复数，x 的值为该复数的实部，image 为虚部（可以为 0）
str(x)	将 x 转换为字符串
repr(x)	将 x 转换为表达式字符串
eval(str)	计算在字符串中的有效 Python 表达式，并返回一个对象，常用于将字符串转换为数值

在上面执行时报错的代码中，可以在进行加法运算前，使用 int() 函数将字符串型数据转换为整型数据后再进行相加，则代码可以正常执行。

```
num_x = 345
print(type(num_x))
str_y = '678'
print(type(str_y))
num_y = int(str_y)           #将 str_y 对应的值转换为整型数据后，赋值给新变量 num_y
print(type(num_y))
z = num_x + num_y
print(z)
print(type(z))
```

运行结果如图 2.42 所示。

```
<class 'int'>
<class 'str'>
<class 'int'>
1023
<class 'int'>
```

图 2.42 对指定变量进行显示类型转换后程序运行结果

👉 **实例2-07** 模拟超市抹零结账

超市购物结账的时候，商家会给顾客回馈一张清单小票，票据上的金额通常会精确到角或分（小数点后 1 位或 2 位）。有些商家为了让利顾客，会将小数点后面的数字金额全部抹零。下面通过程序模拟收银抹零行为，将结账金额中的小数位全部去掉。

分析：创建一个名称为 erase_zero.py 的文件，然后在该文件中，首先将各个商品金额累加，计算出商品总金额，并转换为字符串输出，然后再应用 int() 函数将浮点型的变量转换为整型，从而实现抹零，并转换为字符串输出。关键代码如下：

```python
money_all = 56.75 + 2.91 + 132.60 + 26.37 + 68.51    # 累加总计金额
money_all_str = str(money_all)                        # 转换为字符串
print("商品总金额为: " + money_all_str)
money_real = int(money_all)                           # 进行抹零处理
money_real_str = str(money_real)                      # 转换为字符串
print("实收金额为: " + money_real_str)
```

运行结果如图 2.43 所示。

```
商品总金额为：287.14
实收金额为：287
```

图 2.43 模拟超市抹零程序运行结果

2.4 运算符

运算符是一些特殊的符号，主要用于数学计算、比较大小和逻辑运算等。Python 的运算符主要包括算术运算符、赋值运算符、比较（关系）运算符、逻辑运算符等。

使用运算符将操作数按照一定的规则连接起来的式子，称为表达式。操作数指参与运算的对象。下面介绍 Python 中常用的运算符。

2.4.1 算术运算符

算术运算符又称数学运算符，主要是用来对数值类型的操作数进行数学运算，常用的算术运算符如表 2.4 所示。

表 2.4 常用的算术运算符

运算符	说明	实例	结果
+	加	16.5+15	31.5
-	减	100-9	91
*	乘	5*6	30
/	除	3/2	1.5
%	求余，即返回除法的余数	9%4	1
//	取整数，即返回商的整数部分	9//4	2
**	幂，即返回 x 的 y 次方	2**3	8

说明：在算术运算符中使用%求余，如果除数（第二个操作数）是负数，那么取得的结果也是一个负值。

▶ 实例 2-08 计算学生成绩的分差及平均分

某学员 3 门课程成绩如表 2.5 所示。

表 2.5 某学员 3 门课程成绩

课程	分数
Python	98
English	95
C 语言	90

编程实现：

① Python 课程和 C 语言课程的分数之差。

② 3 门课程的平均分。

分析：在 Python 编辑器中创建一个名称为 score_handle.py 的文件，在该文件中，定义 3 个变量，用于存储各门课程的分数，然后应用减法运算符计算其中指定的两门课"Python"与"C"的分数差，再应用加法运算符和除法运算符计算平均成绩，最后

输出计算结果。代码如下:

```
Python = 98              #定义变量,存储Python课程的分数
english = 95             #定义变量,存储English课程的分数
c = 90                   #定义变量,存储C语言课程的分数
sub = abs(Python - c)    #计算Python课程和C语言课程的分数差,并对结果取绝对值
avg = round((Python + english + c) / 3 ,1)  #计算平均成绩,小数点后保留1位数值
print("Python课程和C语言课程的分数之差: "+ str(sub)+ " 分 \n")
print("3门课的平均分: "+ str(avg) + " 分")
```

运行结果如图 2.44 所示。

> Python课程和C语言课程的分数之差:8分
>
> 3门课的平均分:94.3分

图 2.44 计算成绩分差及平均分程序运行结果

说明:round(number, ndigits) 返回 number 舍入到小数点后 ndigits 位精度的值。如果 ndigits 被省略或为 None,则返回最接近输入值的整数。具体取舍原则可参照 Python 官网文档。

请大家想一想程序中的 abs() 这个函数起到了什么作用?请自行查阅资料并进行说明。

2.4.2 赋值运算符

赋值运算符用于为变量赋值。使用时,可以直接把赋值运算符右边的值赋给左边的变量,也可以进行某些运算后再赋值给左边的变量。在 Python 中常用的赋值运算符如表 2.6 所示。

表 2.6 常用的赋值运算符

运算符	说明	举例	展开形式
=	赋值运算	a = b	a = b
+=	加赋值	a += b	a = a + b
-=	减赋值	a -= b	a = a - b
*=	乘赋值	a *= b	a = a * b
/=	除赋值	a /= b	a = a / b
%=	取余数赋值	a %= b	a = a % b
**=	幂赋值	a **= b	a = a ** b
//=	取整除赋值	a //= b	a = a // b

注:"="符号是赋值运算,"=="是用来比较两个对象的值。

2.4.3 比较运算符

比较运算符，也称关系运算符，用于对变量或表达式的结果进行大小比较。由比较运算符构成的表达式，其结果为 bool 型。比较结果如果成立，则返回 True（真），如果不成立，则返回 False（假）。比较运算符通常用在条件语句中作为判断的依据。Python 中的比较运算符如表 2.7 所示。

表 2.7 Python 的比较运算符

运算符	作用	举例	结果
>	大于	5 > 3	True
<	小于	5 < 3	False
==	等于	5 == 3	False
!=	不等于	5 != 3	True
>=	大于或等于	5 >= 3	True
<=	小于或等于	5 <= 3	False

说明：在 Python 中，当需要判断一个变量是否介于两个值之间时，可以采用"值1＜变量＜值2"的形式，例如，判断已赋值的整型变 a 是否在 1 到 100 之间，表达式可以写成"0<a<100"，这个表达式相当于" a>0 and a<100"。

▶**实例 2-09** 使用比较运算符比较大小

某班级两位同学李想、方志，在期中考试中的文化基础课成绩不相上下，李想同学语文、数学、英语三门课的成绩分别为 96，95，90；方志同学语文、数学、英语三门课的成绩分别为 94，96，93。两位同学想按总分来比较一下成绩高低，请你设计一个程序帮他们来实现吧。

分析：在 Python 编辑器中创建一个名称为 compare_score.py 的文件，在文件中，先使用 6 个变量，分别存储两位同学三门课的成绩；再使用两个变量，分别存储两位同学的总分。最后对总分进行比较大小。

参考程序代码如下：

```
li_chinese = 96
li_math = 95
li_english = 90
fang_chinese = 94
```

```
fang_math = 96
fang_english = 93

li_total = li_chinese + li_math + li_english
fang_total = fang_chinese + fang_math + fang_english

print("李想同学的总分高于方志同学的总分吗?")
print(li_total > fang_total)

print("李想同学的总分等于方志同学的总分吗?")
print(li_total == fang_total)

print("李想同学的总分低于方志同学的总分吗?")
print(li_total < fang_total)
```

执行结果如图 2.45 所示。

```
李想同学的总分高于方志同学的总分吗?
False
李想同学的总分等于方志同学的总分吗?
False
李想同学的总分低于方志同学的总分吗?
True
```

图 2.45　比较总分程序运行结果

说明：比较运算符常用于条件判断语句中使用，条件判断语句内容位于本章节之后，还没有介绍到，因此本例中使用了较为简单地显示比较结果的方法来实现。大家可以在学习了条件判断语句后再来改写此程序。

2.4.4　逻辑运算符

逻辑运算符是对 True（真）和 False（假）两种布尔值进行运算，运算后的结果仍是一个布尔值，Python 中的逻辑运算符主要包括 and（逻辑与）、or（逻辑或）、not（逻辑非）。表 2.8 列出了逻辑运算符的用法和说明。

表 2.8　逻辑运算符

运算符	含义	用法	结合方向
and	逻辑与	表达式 1 and 表达式 2	从左至右
or	逻辑或	表达式 1 or 表达式 2	从左至右
not	逻辑非	not 表达式	从右至左

使用逻辑运算符进行逻辑运算时，其运算结果如表 2.9 所示。

表 2.9　使用逻辑运算符逻辑运算的结果

表达式 1	表达式 2	表达式 1 and 表达式 2	表达式 1 or 表达式 2	not 表达式 1
True	True	True	True	False
True	False	False	True	False
False	False	False	False	True
False	True	False	True	True

▶ **实例 2-10** 请输出下列表达式的运算结果

程序 logical_operation.py 中的代码如下：

```
a = 3
b = 4
c = 5
print(a<b and b<c)
print(a<b and b>c)
print(a>b or b<c)
print(a>b or b>c)
print(not False)
print(not c>b)
```

运行结果如图 2.46 所示。

```
True
False
True
False
True
False
```

图 2.46　逻辑运算程序运行结果

请大家根据对比较运算符与逻辑运算符的理解分析一下，为什么程序运行后会有图 2.46 的各项结果。

2.4.5 成员运算符

Python 中的成员运算符 in 和 not in 用于判断一个元素是否在某个序列（如列表、字符串）中。具体如表 2.10 所示。

表 2.10　成员运算符

运算符	说明
in	如果元素在指定序列中，返回 True，否则返回 False
not in	如果元素不在指定序列中，返回 True，否则返回 False

成员运算符的用法示例如下：

```
str1 = 'Hello World!'
str2 = 'or'
str3 = 'Hello'
print(str2 in str1)
print(str3 not in str1)
```

运行结果如图 2.47 所示。

```
True
False
```

图 2.47　成员运算符用法演示程序运行结果

2.4.6 运算符的优先级

运算符的优先级指的是在含有多个运算符的表达式中，运算符的先后运算顺序，优先级高的先执行，优先级低的后执行，这与数学四则运算中应遵循的"先乘除，后加减"是一个道理。同一优先级的运算符一般按照从左向右的顺序进行，也可以通过使用小括号的方式对运算符的运算顺序进行限定，括号内的运算优先级最高。表 2.11 按从高到低的顺序列出了本章所介绍的运算符的优先级。同一行中的运算符具有相同优先级，此时由它们的结合方向决定运算顺序。

表 2.11　运算符优先级

类型	运算符
算术运算符	**
	*, /, %, //
	+, -
关系运算符	>, <, <=, >=, ==, !=
成员运算符	in, not in
逻辑运算符	not
	and
	or

说明：在编写程序时尽量使用括号"()"来限定运算顺序，避免运算顺序发生错误。

2.5 输入和输出

从开始学习 Python 时，我们就一直在使用 print() 函数输出数据，print() 就是 Python 的基本输出函数。此外，Python 还提供了一个用于进行标准输入的 input() 函数，用于接收用户从键盘上输入的内容。

接下来，我们就具体学习一下 Python 中的输入与输出。

2.5.1 使用 input() 函数输入

在 Python 中，使用内置函数 input() 可以接收用户通过键盘输入的内容。input() 函数的基本用法如下：

```
variable = input("提示文字")
```

其中，variable 为保存输入结果的变量；input() 函数括号中双引号内的文字用于提示要输入的内容，可以省略。例如，想要接收用户输入的内容，并保存到变量 text 中，可以使用下面的代码：

```
text = input("请输入文字：")
```

在 Python3.x 中，通过 input() 函数输入的无论是数值还是字符都将被作为字符串存储于指定的变量中。如果想要将通过 input() 函数输入的内容作为数值（比如"整型"）保存到变量中，需要对接收到的字符串进行类型转换。

例如，想要接收整型的数值并保存到变量 age 中，可以使用下面的代码：

```
age = int(input("请输入您的年龄："))
```

▶ **实例 2-11** 根据输入的身高、体重计算 BMI 指数

健康的身体是美好生活的重要基础，适当的体育锻炼、合理的饮食和充足的睡眠可以帮助我们保持身体健康。在身体健康的诸多指标中，BMI 指数是人们常用的一个衡量体重情况的参数，请你编写一个程序，根据用户输入的身高和体重值，使用公式，计算出用户的 BMI 指数，公式如下：

$$BMI = \frac{体重 kg}{身高^2 m}$$

身体质量指数（BMI）又称为体重指数、体质指数，该指标是通过体重（公斤）除以身高（米）的平方计算得来，是国际上常用的衡量人体胖瘦程度以及是否健康的一个标准。

一般情况下，我国成年人身体质量指数在 18.5（含）至 24（不含）之间属正常范围；小于 18.5 表示体重过轻；等于大于 24，小于 30 表示过重；等于大于 30 表示肥胖。如表 2.12 所示。

表 2.12　BMI 体重指数参照表

BMI 值	体重
BMI < 18.5	过轻
18.5 ≤ BMI < 24	正常
24 ≤ BMI < 30	过重
BMI ≥ 30	肥胖

分析：通过 input() 函数输入身高、体重的数值，根据公式，使用身高、体重值计算 BMI 指数，将程序保存为 bmi.py 文件。

参考程序代码如下：

```
height = float(input("请输入您的身高（单位为米）: "))  #输入身高,单位米
weight = float(input("请输入您的体重（单位为千克）: "))  #输入体重,单位千克
bmi = round(weight/(height*height),1)
print("您的BMI指数为: " + str(bmi))
```

运行结果如图 2.48 所示。

```
请输入您的身高（单位为米）: 1.80
请输入您的体重（单位为千克）: 75
您的BMI指数为: 23.1
```

图 2.48　程序运行后，根据用户输入的值计算
BMI 指数并输出结果

注意：在输入身高、体重值时，输入法需要使用英文半角状态。

2.5.2 使用 print() 函数输出

输出是 Python 中最常用的功能之一，通过 Python 中的内置函数 print() 来实现。我们也可以把这个功能理解为"打印"结果，使用的方法是把要查看结果的对象放入括号内，通过 print() 函数"打印"出来。

默认的情况下，在 Python 中，使用 print() 函数可以将结果输出到标准控制台上。其基本语法格式如下：

```
print(输出内容)
```

其中，输出内容可以是数值和字符串（字符串需要使用引号括起来），此类内容将直接输出，也可以是包含运算符的表达式，此类内容将计算结果输出。例如：

```
a = 10
b = 6
print("a 乘以 b 的结果是：")
print(a*b)
#上面的第3条、第4条语句也可以合并成下面的一条语句
print("a 乘以 b 的结果是：",a*b)
```

运行结果如图 2.49 所示。

```
a乘以b的结果是：
60
a乘以b的结果是： 60
```

图 2.49　使用 print() 函数输出的程序运行结果

说明：在 Python 中，默认情况下，一条 print() 语句输出后会自动换行，如果想要一次输出多个内容，而且不换行，可以将要输出的内容使用英文半角的逗号分隔。例如在定义好了变量 x 和 y 的值后，print（x , y）将在一行输出变量 x 和 y 的值。

2.6 项目实战

2.6.1 实战一：模拟手机充值

编写 Python 程序，模拟以下情境：

（1）计算机输出"欢迎您使用手机充值业务"。

（2）计算机输出"请输入您本次的充值金额（元）："，并等待用户输入具体数值。

（3）用户输入 100 后，按"回车"键确认。

（4）计算机输出"充值成功，您本次充值 100 元"。

程序部分代码如下，请根据题意补充代码：

```
print("欢迎您使用手机充值业务")          #显示计算机输出
money = _____                      #显示充值提示信息，等待并获取用户输入
print(_____)          #显示计算机输出
```

程序填写完整后，运行结果如图2.50所示。

```
欢迎您使用手机充值业务
请输入您本次的充值金额（元）：100
充值成功，您本次充值 100 元
```

图2.50　模拟手机充值的程序运行结果

2.6.2 实战二：数字励志公式

荀子的《劝学》中有这样一段为人熟知的句子："不积跬步，无以至千里；不积小流，无以成江海"，意思是说不积累一步半步的行程，就没有办法达到千里之远；不积累细小的流水，就没有办法汇成江河大海。这句话告诉我们：知识是需要积累的，学习得循序渐进，踏踏实实，坚持不懈。有一个数字励志公式，也能反映这个道理，如下所示：

$$\begin{cases} 1.01^{365} = 37.78 \\ 0.99^{365} = 0.03 \end{cases}$$

365次方代表一年的365天，1.01表示每天多做0.1，0.99代表每天少做0.1，365天后，一个增长到了37.8，另一个减少到了0.03，对比之下，差距巨大。勤学如春起之苗，不见其增日有所长；辍学如磨刀之石，不见其损日有所亏。学习要循序渐进，我们每天多努力一点点，日积月累，积少成多，就会带来巨大的飞跃。学习如逆水行舟，不进则退，如果我们每天都在退步，那么在一年以后我们将被远远抛在后面。

那么请大家来编写Python程序，验证一下这个励志公式吧。

程序部分代码如下，请根据题意补充代码：

```
days = int(input("请输入想要勤奋努力或消极懒惰的天数:"))
diligent = round( _____ )
lazy = _____
print(days, "天后,勤奋努力者,知识积累将是原来的", diligent, "倍")
print(days, "天后,消极懒惰者,知识积累将减少到原来的", lazy, "倍")
```

程序填写完整后，运行结果如图 2.51 所示。

请输入想要勤奋努力或消极懒惰的天数:365
365 天后,勤奋努力者,知识积累将是原来的 37.78 倍
365 天后, 消极懒惰者,知识积累将减少到原来的 0.03 倍

图 2.51　数字励志公式程序运行结果

2.6.3 实战三：计算当天饮食费用

编写 Python 程序，模拟以下情境：

（1）计算机输出"请输入当天早餐消费（元）："，并等待用户输入；

（2）用户输入当天早餐消费金额后，按"回车"键确认；

（3）计算机输出"请输入当天午餐消费（元）："，并等待用户输入；

（4）用户输入当天午餐消费金额后，按"回车"键确认；

（5）计算机输出"请输入当天晚餐消费（元）："，并等待用户输入；

（6）用户输入当天晚餐消费金额后，按"回车"键确认；

（7）计算机输出"今天饮食共消费（早、中、晚餐费总和）元"。

说明：用户可根据个人实际消费情况输入。

程序部分代码如下，请根据题意补充代码：

```
breakfast = eval(input("请输入当天早餐消费（元）:"))    # 获取用户输入的早餐费
lunch = _____                                    # 获取用户输入的午餐费
dinner = _____                                   # 获取用户输入的晚餐费
total = breakfast + lunch + dinner
print("今天饮食共消费 "+ _____ + " 元")           # 输出早、中、晚餐费总和
```

程序填写完整后，运行结果如图 2.52 所示。

请输入当天早餐消费（元）：5
请输入当天午餐消费（元）：16
请输入当天晚餐消费（元）：12
今天饮食共消费33元

图 2.52　计算当天饮食费用的程序运行结果

请大家注意，在此程序的第一条语句中使用了一个 eval(string) 函数，函数内的参数需为"字符串"，该函数很强大，可以将字符串 string 当成有效的表达式来求值并返回计算结果。请大家想一想，是否可以去掉这个函数？如果不可以，是否可以用其他函数代替？

2.6.4 实战四：转换时间

编写 Python 程序，模拟以下情境：

（1）计算机输出"请输入秒数："，并等待用户输入；

（2）用户输入 5432 后，按"回车"键确认；

（3）计算机输出"5432 秒表示成 1 时 30 分 32 秒"。

要求：将用户输入的秒数转换为 xx 小时 xx 分钟 xx 秒。

程序部分代码如下，请根据题意补充代码：

```
num = int(input('请输入秒数：'))    # 获取控制台输入的秒数
hour = _____              # 计算输入的时间中包含多少个小时
minute = _____            # 计算输入的时间中减去小时后，包含多少分钟
second = _____            # 计算输入的时间中减去小时、分钟后，还余多少秒
# 将时间表示成 xx 时 xx 分 xx 秒形式
print(num,'秒表示成：',_____,'时',_____,'分',_____,'秒')
```

程序填写完整后，运行结果如图 2.53 所示。

请输入秒数：5432
5432 秒表示成： 1 时 30 分 32 秒

图 2.53 转换时间的程序运行结果

2.6.5 实战五：大湾区城市

粤港澳大湾区（Guangdong-Hong Kong-Macao Greater Bay Area，缩写为 GBA），包括广东省广州市、深圳市、珠海市、佛山市、惠州市、东莞市、中山市、江门市、肇庆市九个城市和香港特别行政区、澳门特别行政区。推进粤港澳大湾区建设，是以习近平同志为核心的党中央作出的重大决策，是习近平总书记亲自谋划、亲自部署、亲自推动的国家战略，也是推动"一国两制"事业发展的新实践。按照中共中央、国务院印发的《粤港澳大湾区发展规划纲要》，粤港澳大湾区不仅要建成充满活力的世界级城市群、国际科技创新中心、"一带一路"建设的重要支撑、内地与港澳深度合作示范区，还要打造成宜居、宜业、宜游的优质生活圈，成为高质量发展的典范。以香港、澳门、广州、深圳四大中心城市作为区域发展的核心引擎。

接下来，需要我们根据大湾区所包含的城市来完成下面的程序。

在列表 citys_a，citys_b 中已经包含了一些大湾区城市的名称，如下所示。

```
citys_a = ["广州","深圳","珠海","佛山","惠州","汕头","东莞","中山","江门","肇庆"]
citys_b = ["香港","澳门"]
```

要求：

（1）请将两个列表中的城市名称合并为一个新的列表 greater_bay_area。

（2）输出合并后的新列表 greater_bay_area。

（3）删除新列表中不是大湾区城市的项。

（4）输出准确的大湾区城市列表。

程序部分代码如下，请根据题意补充代码：

```
citys_a = ["广州","深圳","珠海","佛山","惠州","汕头","东莞","中山","江门","肇庆"]
citys_b = ["香港","澳门"]
greater_bay_area = []
greater_bay_area.extend(_____)
_____
print(greater_bay_area)
_____
print(greater_bay_area)
```

程序填写完整后，运行结果如图 2.54 所示。

```
['广州','深圳','珠海','佛山','惠州','汕头','东莞','中山','江门','肇庆','香港','澳门']
['广州','深圳','珠海','佛山','惠州','东莞','中山','江门','肇庆','香港','澳门']
```

图 2.54 大湾区城市相关信息的程序运行结果

2.7 小结

本章首先对 Python 的语法特点进行了介绍，主要包括注释、代码缩进和编码规范，然后介绍了 Python 中的标识符及定义变量的方法，接下来介绍了 Python 中的基本数据类型、运算符和表达式，最后介绍了基本输入和输出函数的使用。本章的内容是学习 Python 的基础，需要重点掌握，为后续学习打下良好的基础。

2.8 练习题

1. 单选题

（1）以下变量命名不正确的是（　　）。

A. student_name B. 1_student C. _student D. studentName

（2）下列选项中，不属于 Python 关键字的是（　　）。

  A. name B. if C. is D. and

（3）Python 中使用（　　）符号表示单行注释。

  A. # B. / C. // D. <!-- -->

（4）语句 x,y,z=[1,2,3] 执行后，变量 y 的值为（　　）。

  A. [1,2,3] B. 1 C. 2 D. 3

（5）下列表达式的值为 True 的是（　　）。

  A. 5+4 < 2-3 B. 5>4 == 4 C. x>6 and y==5 D. "abc">"xyz"

（6）阅读下面程序，执行程序，输出结果是（　　）。

```
set_c = {'a', 'c', 'b', 'a', 'b', 'e'}
set_c.add('d')
print(len(set_c))
```

  A. 7 B. 6 C. 5 D. 4

（7）下列方法中，默认删除列表最后一个元素的是（　　）。

  A. del B. remove() C. pop() D. extend()

（8）lst=['a',1,'3'], print(lst) 的结果为（　　）。

  A. 'a' B. ['a',1,'3'] C. 空 D. 0

（9）在 Python 程序中，如果依次有下列语句，则 a+b 的值为（　　）。

```
a = 2
b = a = 3
```

  A. 5 B. 6 C. 4 D. 出错

（10）执行以下代码，输出结果为（　　）。

```
x = 0
y = True
print(x>y and 'A'<'B')
```

  A. True B. False C. true D. false

（11）执行以下代码，输出结果为（　　）。

```
a = 0
b = 0
c = 200
a = c / 100 % 9
b = (-1)and(-1)
print(a)
print(b)
```

  A. 2.0，1 B. 3.0，2 C. 4.0，3 D. 2.0，-1

（12）以下关于 Python 字符串的描述中，错误的是（　　）。

  A. 字符串是字符的序列，可以按照单个字符或者字符片段进行索引。

  B. 字符串包括两种序号体系：正向递增和反向递减。

  C. Python 字符串提供区间访问方式，采用 [N:M] 格式，表示字符串中从 N 到 M 的索引子字符串（包含 N 和 M）。

  D. 字符串是用 " " 或者 ' ' 括起来的零个或者多个字符。

（13）Python 表达式中可以使用（　　）控制运算的优先顺序。

  A. ( ) B. [ ] C. <> D. { }

（14）print(3 + 4**2 * 2- 2) 的结果是（　　）。

  A. 25 B. 33 C. 78 D. 6

（15）执行下列语句后，输出的结果是（　　）。

```
dict1 = dict((['apple','苹果'],['pear','梨'],['peach','桃子']))
dict1['watermelon'] = '西瓜'
print(dict1)
```

  A. {'watermelon':'西瓜','apple':'苹果','pear':'梨','peach':'桃子'}

  B. {'apple':'苹果','pear':'梨','watermelon':'西瓜'}

  C. {'apple':'苹果','pear':'梨','peach':'桃子','watermelon':'西瓜'}

  D. 报错

2. 填空题

（1）布尔类型的取值为_____和_____。

（2）如果 x = 5，y = 6，则执行 x += y 后，x 的结果是_____。

（3）Python 中的内置函数_____可以创建列表，内置函数_____可以创建集合。

（4）Python 中的字典由_____和_____组成。

（5）表达式 5 not in [1,3,5] 的值为_____。

3. 判断题

（1）变量名不可以使用数字开头。（   ）

（2）Python 中的标识符不区分大小写。（   ）

（3）字典中的元素可通过索引方式访问。（   ）

（4）集合中的元素无序，每次输出集合中的元素顺序都可能不同。（   ）

（5）字典中的键是唯一的。（   ）

（6）列表中的索引从 1 开始。（   ）

（7）元组可以增加和删除元素。（   ）

（8）列表和元组中，都只能存储同一类型的数据。（   ）

（9）Python 使用缩进来体现代码之间的逻辑关系。（   ）

（10）不管输入什么，在 Python 中，input（）函数都是返回字符串。（   ）

4. 编程题

（1）编写程序，根据用户输入的圆的半径数据，求出圆的面积和周长，并分别输出。

（2）已知列表 phone=[' 华为 ',' 中兴 ',' 小米 ','vivo',' 三星 ']。请编写程序将' 荣耀 ' 加入列表 phone 中，将' 三星 ' 从列表中移除，并输出最后结果。

（3）编写程序，将用户输入的字符串反转输出。例如，用户输入"think"，则程序运行后输出为"kniht"。

第 3 章
流程控制语句

在日常生活中，做任何事情都需要一个过程，这个过程可能是按顺序进行的，也可能是需要做出选择的，甚至可能是需要重复去做某些步骤的。在 Python 语言中，程序的执行也需要类似的流程，根据实际问题的需求，使用流程控制语句进行程序设计，流程控制是结构化程序设计的核心。

结构化程序设计的基本思想是一切高级语言程序设计的基础。流程控制对于任何一门编程语言来说都是至关重要的，它提供了控制程序如何执行的方法，实现对程序按照选择、循环、跳转、返回等逻辑进行控制。如果没有流程控制语句，整个程序将按照线性顺序来执行，而不能根据用户的需求决定程序执行的顺序，本章将对 Python 中的流程控制语句（图 3.1）进行详细讲解。

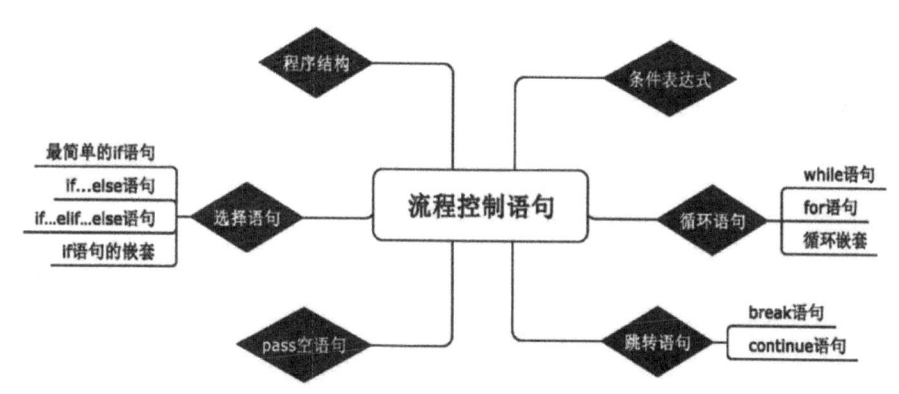

图 3.1 流程控制语句框架

3.1 程序结构概述

3.1.1 程序结构分类

流程控制一般指的是代码的运行逻辑，是程序设计中最基础的运行流程，在进行代码编写时必须遵守流程控制规则。Python 语言与其他编程语言的流程控制相似，包括顺序结构、选择结构和循环结构。这3种结构的执行流程如图3.2所示。

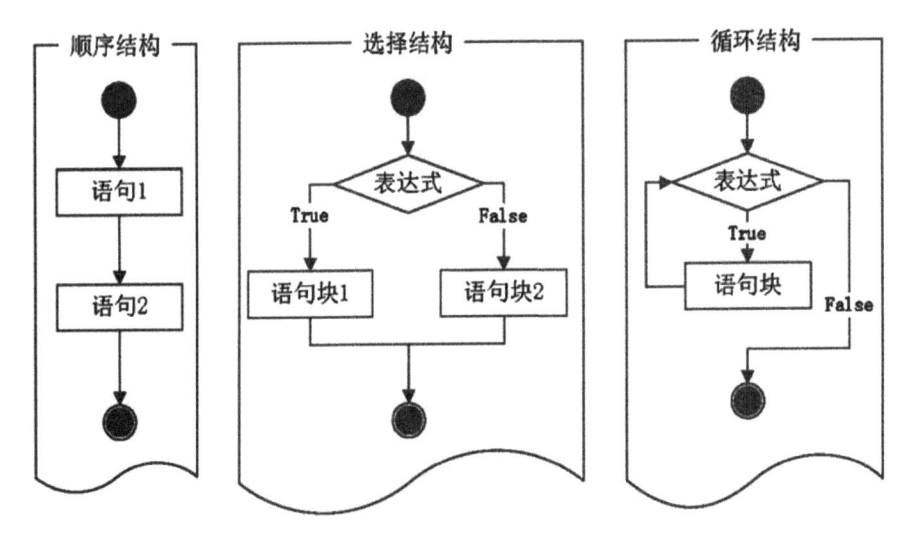

图3.2　3种基本结构的执行流程

其中，图3.2中左侧的图就是顺序结构的流程图，编写完毕的语句将按照编写顺序依次被执行；中间的图是选择结构的流程图，它主要根据条件语句的结果选择执行不同路径的语句；右侧的图是循环结构的流程图，它是在一定条件下反复执行某段程序的流程结构，其中，被反复执行的语句称为循环体，决定循环是否终止的判断条件称为循环条件。

3.1.2 程序结构应用场景

在上一小节中，给同学们介绍了程序设计中3种基本的流程控制结构。下面就通过3个实际场景来了解常用的三种流程控制结构。

应用场景1：先定义变量并且进行赋值，然后输出变量。

```
temp = "坚持就是胜利！"          #使用双引号，字符串内容必须在一行
print(temp)
```

应用场景2：先定义变量并进行赋值，然后重复打印3次变量。

按照之前学的知识，我们可以重复编写3次同样的代码进行实现。代码如下：

```
temp = "坚持就是胜利！"          #使用双引号，字符串内容必须在一行
print(temp)
print(temp)
print(temp)
```

虽然上述方法也能实现重复打印的功能，但是不适用于需要重复执行多次的场景。此时，就可以选择使用循环结构来实现循环体的多次执行。代码如下：

```
temp = "坚持就是胜利！"          #使用双引号，字符串内容必须在一行
for i in range(0, 3):    # 循环 3 次
    print(temp)
```

应用场景 3：先定义变量并进行赋值，然后定义分数变量并赋值，接着判断分数变量的大小，如果分数小于 70 分就重复打印 3 次变量，如果大于 70 分就打印 1 次变量。

按照之前所学的顺序结构与循环结构都无法实现场景 3 的功能，这个时候就可以使用控制流程中的选择结构来实现上述功能。代码如下：

```
temp = "坚持就是胜利！"          #使用双引号，字符串内容必须在一行
score = 69   # 分数
if score < 70:
    for i in range(0, 3):    # 循环 3 次
        print(temp)
else:
    print(temp)
```

通过上述 3 个简单的案例让大家初步了解流程控制结构的功能和便利，以下会详细介绍常用的控制结构及其使用方法。

3.2 选择语句

在实际应用场景中，许多问题不一定能够按顺序执行，而是需要根据给定的条件决定执行的路径。比如下面的几个常见例子：

（1）网上购物时，如果购买成功，用户余额减少，用户积分增多。

（2）在进行某网站登录时，如果输入的用户名和密码正确，提示登录成功，进入网站，否则，提示登录失败。

（3）APP 注册时可以使用微信或 QQ 直接注册登录，如果用户使用微信登录，则使用微信扫一扫；如果使用 QQ 登录，则输入 QQ 号和密码。

以上例子中的判断，就是程序中的选择语句，又称条件语句或分支结构，是指程序在执行过程中，通过判断某个条件是否成立来选择执行不同的代码片段。Python 中选择语句主要有 3 种形式，分别为 if 语句、if…else 语句和 if…elif…else 多分支语句。

说明：在其他语言中（如 C、C++、Java 等），选择语句还包括 switch 语句，也可以实现多分支选择，但是在 Python 中没有 switch 语句，所以实现多重选择的功能时，只能使用 if…elif…else 语句或者 if 语句的嵌套。

3.2.1 if 单分支语句

Python 中使用 if 保留字来组成选择语句，简单的语法格式如下：

```
if 表达式：
    语句块
```

其中，表达式可以是一个单纯的布尔值或变量，也可以是比较表达式或逻辑表达式（例如：a>b and a!=c）。如果表达式为真，则执行"语句块"；如果表达式的值为假，就不执行"语句块"，而继续执行后面的语句，这种形式的 if 语句相当于汉语里的关联词语"如果……就……"，其流程图如图 3.3 所示：

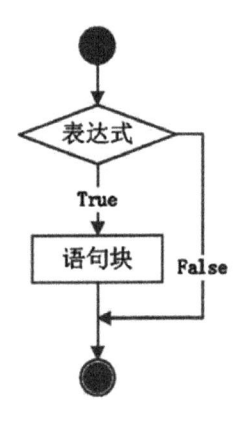

图 3.3 最简单的 if 语句执行流程

说明：在 Python 中，当表达式的值为非零的数或者非空的字符串时，if 语句也认为是条件成立（即为真值）。

下面通过两个具体的实例演示 if 语句的应用。

👉 实例 3-01 判断小明的成绩是否属于优秀

输入小明的分数，判断分数值。如果大于等于 90 分，则输出"优秀"。代码实现如下：

```
score = eval(input("请输入小明的分数："))    #eval()函数的功能是将字符型转换成数值型
if score >= 90:
    print("优秀")
```

运行程序，当输入 92 时，运行结果如图 3.4 所示。

请输入小明的分数：92
优秀

图 3.4 判断小明的成绩是否属于优秀的程序运行结果

👉 实例 3-02 模拟存款时的操作

首先自定义账户中的金额，然后输入一个取款金额，如果取款金额小于等于存款，则输出取款成功后的余额。

```
money = 10000          #定义账户中的存款
s = eval(input('请输入取款金额：'))
if money >= s:         #判断余额是否充足
    money = money - s  #修改余额
    print('取款成功,余额为：', money)
```

运行程序，当输入"2000"时，运行结果如图 3.5 所示。

请输入取款金额：2000
取款成功,余额为： 8000

图 3.5 模拟存款时的操作程序运行结果

3.2.2 if…else 双分支语句

如果遇到需要二选一的条件，Python 中提供了 if…else 语句解决类似问题，其语法格式如下：

```
if 表达式：
    语句块 1
else:
    语句块 2
```

使用 if…else 语句时，表达式可以是一个单纯的布尔值或变量，也可以是比较表达式或逻辑表达式，如果满足条件，则执行 if 后面的语句块，否则，执行 else 后面的语句块，这种形式的选择语句相当于汉语里的关联词语"如果……否则……"，其流程如图 3.6 所示。

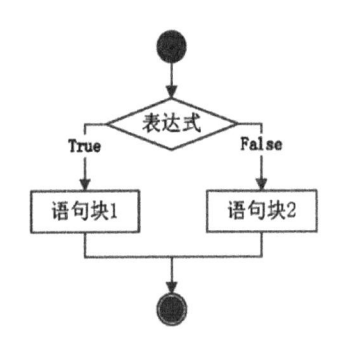

图 3.6 if…else 语句流程图

下面增加实例 01 的功能：如果输入的数不符合条件，则给出相应的提示。

☛ **实例 3-03** 判断小明的分数是否达到优秀

使用 if…else 语句判断输入的数字是否大于等于 90 分，如果大于等于 90 分，则输出 "优秀"，否则输出 "未达到优秀，仍需努力！" 代码如下：

```
score = eval(input("请输入小明的分数："))
if score >= 90:
    print("优秀")
else:
    print("未达到优秀，仍需努力！")
```

运行程序，输入 85，运行结果如图 3.7 所示。

```
请输入小明的分数：85
未达到优秀，仍需努力！
```

图 3.7 判断小明的分数是否达到优秀的程序运行结果

注意：在使用 else 语句时，else 一定不可以单独使用，它必须和保留字 if 一起使用。

☛ **实例 3-04** 模拟存款时的操作并输出不同的结果

和之前的实例 02 一样，先自定义存款，然后输入取款金额，若取款金额大于存款，则输出取款失败，若取款金额小于等于存款，则输出取款成功及余额。

```
money = 10000
s = eval(input('请输入取款金额'))
if money >= s:              #判断余额
    money = money - s       #更新余额
    print('取款成功，余额为：', money)
else:
    print('余额不足，取款失败')
```

运行程序，当输入 12000 时，运行结果如图 3.8 所示。

请输入取款金额12000
余额不足，取款失败

图 3.8　模拟存款时的操作程序运行结果

3.2.3　if…elif…else 多分支语句

在程序开发过程中，如果遇到多分支需选一条路径的情况，则可以使用 if…elif…else 语句，该语句是一个多分支选择语句，通常表现为"如果满足某种条件，就会执行某段代码，如果满足另一种条件，则执行另一段代码……"。if…elif…else 语句的语法格式如下：

```
if 表达式1:
    语句块1
elif 表达式2:
    语句块2
elif 表达式3:
    语句块3
……
else:
    语句块n
```

使用 if…elif…else 语句时，表达式可以是一个单纯的布尔值或变量，也可以是比较表达式或逻辑表达式，如果表达式为真，执行语句；而如果表达式为假，则跳过该语句，进行下一个 elif 的判断，只有在所有表达式都为假的情况下，才会执行 else 中的语句。if…elif…else 语句的流程如图 3.9 所示。

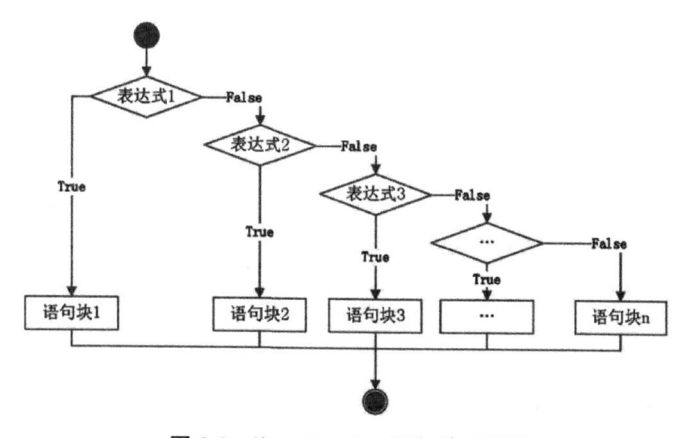

图 3.9　if…elif…else 语句的流程图

注意：if 和 elif 都需要判断表达式的真假，而 else 则不需要判断；另外，elif 和

else 都必须与 if 一起使用，不能单独使用。

下面增加实例 3-03 的功能，对小明的成绩进行分类。

👉 **实例 3-05** 录入小明的成绩，并将成绩进行分类

如果成绩在 90 到 100 之间，输出"优秀"；如果在 80 到 89 之间，输出"良好"；如果在 70 到 79 之间，输出"中等"；如果在 60 到 69 之间，输出"及格"；如果低于 60，输出"不及格"。如果输入的成绩不在 0 到 100 之间，程序会输出"输入成绩有误！"。

```python
score = eval(input('请输入一个成绩：'))
if 90 <= score <= 100:
    print('优秀')
elif 80 <= score < 90:
    print('良好')
elif 70 <= score < 80:
    print('中等')
elif 60 <= score < 70:
    print('及格')
elif 0 <= score < 60:
    print('不及格')
else:
    print('输入成绩有误！')
```

运行程序，分别输入 77，65，86，运行结果如图 3.10 所示。

```
====================
请输入小明的分数：77
中等

====================
请输入小明的分数：65
及格

====================
请输入小明的分数：86
良好
```

图 3.10　对小明成绩进行分类的程序运行结果

👉 **实例 3-06** 职业技能等级证书编码第 16 位的含义

人社部印发《关于健全完善新时代技能人才职业技能等级制度的意见（试行）》文件中，职业技能等级证书样式和编码按照有关规定确定。

使用 if-elif-else 多分支语句实现根据用户输入的证书编码第 16 位的字符，输出其代表的含义，代码如下：

```
print(" 证书编码第 16 位为大写英文字母或阿拉伯数字，用于表示不同级别 ")
print(" 其中有 X、T、S、5、4、3、2、1\n")
code = input(" 输入您想查询的编码，我会告诉您级别：")
if code == "X":
    print("X: 学徒工 ")
elif code == "T":
    print("T: 特技技师 ")
elif code == "S":
    print("S: 首席技师 ")
elif code == "5":
    print("5: 初级工 ")
elif code == "4":
    print("4: 中级工 ")
elif code == "3":
    print("3: 高级工 ")
elif code == "2":
    print("2: 技师 ")
elif code == "1":
    print("1: 高级技师 ")
else:
    print(" 证书编码第 16 位中不存在你所输入的字符 ")
```

运行程序，输入 S，运行结果如图 3.11 所示。

```
证书编码第16位为大写英文字母或阿拉伯数字，用于表示不同级别
其中有X、T、S、5、4、3、2、1

输入您想查询的编码，我会告诉您级别：S
S: 首席技师
```

图 3.11 职业技能等级证书编码第 16 位的含义的程序运行结果

3.2.4 if 语句的嵌套

上一节中介绍了 3 种形式的 if 选择语句，这 3 种形式的选择语句之间都可以互相嵌套。在最简单的 if 语句中嵌套 if···else 语句，形式如下：

```
if 表达式 1:
    if 表达式 2:
        语句块 1
    else:
        语句块 2
```

在 if…else 语句中嵌套 if…else 语句，形式如下：

```
if 表达式1:
    if 表达式2:
        语句块1
    else:
        语句块2
else:
    if 表达式3:
        语句块3
    else:
        语句块4
```

说明：if 选择语句可以有多种嵌套方式，开发程序时，可以根据自身需要选择合适的嵌套方式，但一定要严格控制好不同级别代码块的缩进量。

👉 **实例 3-07** 根据测酒精含量判断是否为酒后驾车

通过使用嵌套的 if 语句实现根据输入的酒精含量值判断是否为酒后驾车的功能，如果酒精含量低于 20mg 不属于酒驾；如果酒精含量大于等于 20mg 且小于 80mg 则属于酒驾；如果酒精含量大于等于 80mg 则属于醉酒驾驶。根据要求，完善下列代码：

```
print("\n 为了您和他人的安全，严禁酒后开车！\n")
proof = eval(input("请输入每100毫升血液的酒精含量mg: "))
if proof < 20:
    print("\n 您还不构成饮酒行为，可以开车，但要注意安全！")
_____
    _____
        print("\n 已经达到酒后驾驶标准，请不要开车！")
    else:
        print("\n 已经达到醉酒驾驶标准，千万不要开车！")
```

运行程序，输入 123，运行结果如图 3.12 所示。

> 为了您和他人的安全，严禁酒后开车！
> 请输入每100毫升血液的酒精含量：123
> 已经达到醉酒驾驶标准，千万不要开车！

图 3.12 测酒精含量判断是否酒后驾车的程序运行结果

► **实例 3-08** 超市购物时会根据会员和非会员进行不同的折扣优惠，同时也根据消费金额的多少进行折扣优惠分类：如果是会员，购物金额大于等于 200 元则打八折，购物金额大于等于 100 元小于 200 元则打九折，购物金额小于 100 元不打折；如果不是会员，购物金额大于等于 200 元打九五折，否则不打折。根据要求，完善下列代码：

```
answer = input('您是会员吗？（是会员输入 'y',不是会员输入 'n'。)\n')
money = float(input('请输入购物金额：'))
    _____         #回答是会员的情况
    if money >= 200:     #金额大于等于 200 打 8 折
        print('打 8 折付款金额为：',money*0.8)
    else:
        _____         #金额大于等于 100 打 9 折
            print('打 9 折付款金额为：', money*0.9)
        else:
            print('不打折，付款金额为：', money) #金额小于 100 不打折
else:     #回答不是会员的情况
    _____         #金额大于等于 200 打 95 折
        print('打 95 折付款金额为：', money*0.95)
    else:     #金额小于 200 不打折
        print('不打折付款金额为：', money)
```

运行程序，输入 y，然后输入金额 150，结果如图所示。

```
您是会员吗？
y
请输入购物金额：150
打9折付款金额为： 135.0
```

图 3.13 超市购物会员折扣优惠判断的程序运行结果

3.2.5 条件表达式

在程序开发时，经常会根据表达式的结果，有条件地进行赋值。Python 有一种特殊的表达式，称为条件表达式，其语法规则如下：

`<expr1> if <condition> else <expr2>`

这与前面讲到的程序结构形式不同，因为它不是指导程序执行流程的控制结构，而更像是定义表达式的运算符。条件在表达式的中间它首先会评估 <condition>，如果为 True，则表达式求值为 <expr1>；否则，表达式求值为 <expr2>。

例如，要返回两个数中较大的数，可以使用 if 语句：

```
a = 10
b = 6
if a > b:
    r = a
else:
    r = b
```

针对上面的代码，可以使用条件表达式进行简化，代码如下：

```
a = 10
b = 6
r = a if a > b else b
```

使用条件表达式时，先计算中间的条件（a>b），如果结果为 True，返回 if 语句左边的值，否则返回 else 右边的值。上面表达式中 r 的值为 10。

注意：在实际开发中，条件表达式的优先级低于所有其他运算符，因此需要使用括号对其进行分组。

3.3 循环语句

在日常生活中经常会遇到需要重复做某些相同操作的场景，比如重复打印一个文件，绕着跑道跑十圈，公交车，地铁的运营线路等等。类似这样反复做同一件事的情况，称为循环。在程序开发过程中也需要利用循环结构来解决一些实际问题，在 Python 语言中，循环主要有两种类型：

（1）while 循环，又称条件循环，主要应用于不确定次数的循环场景，只要条件为真，循环会一直执行下去，直到条件不满足时结束。

（2）for 循环，又称计次循环，主要应用于确定次数的循环场景，也常用于遍历字符串、元组和列表等序列。

说明：在其他语言中（例如，C、C++、Java 等），条件循环还包括 do…while 循环。但是，在 Python 中没有 do…while 循环。

3.3.1 while 循环

while 循环是通过一个条件来控制是否要继续反复执行循环体中的语句。语法如下：

```
while 条件表达式：
    循环体
```

说明：循环体是指一组被重复执行的语句。

当条件表达式的返回值为真时，则执行循环体中的语句，执行完毕后，重新判断条件表达式的返回值，直到表达式返回的结果为假时，退出循环。while 循环语句的执行流程如图 3.14 所示。

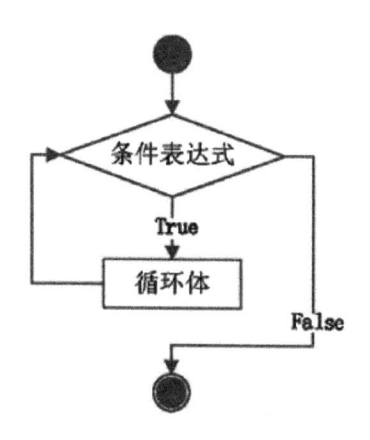

图 3.14　while 循环语句的执行流程图

▶ 实例 3-09　循环计数

首先我们通过一个简单的例子来理解 while 循环，使用 while 循环从 0 开始计数并输出，到 9 停止，代码如下：

```
i = 0                #循环变量初值
while i < 10:
    print(i)
    i = i + 1        #每次循环后循环变量 +1
```

执行代码，运行结果如图 3.15 所示。

```
0
1
2
3
4
5
6
7
8
9
```

图 3.15　循环计数程序运行结果

下面通过一个具体的实例来解决一个实际问题。

81

► **实例 3-10** 验证输入学号是否正确

使用 while 循环语句实现验证输入的学号是否正确，如果正确则输出相应信息，错误则重复进行输入，直到验证为正确为止。代码如下：

```
flag = True   # 定义默认值为真的循环条件
number = 202206001   # 设置正确学号
while flag:
    num = int(input("请输入您的学号："))
    if num == number:   # 判断学号是否正确
        print("验证正确")
        flag = False   # 验证正确，循环条件定义为假，退出循环
    else:   # 验证失败，继续循环
        print("验证失败，请重新输入学号")
```

运行程序，结果如图 3.16 所示。

```
请输入您的学号：202106001
验证失败，请重新输入学号
请输入您的学号：202205001
验证失败，请重新输入学号
请输入您的学号：202206001
验证正确
```

图 3.16 验证学号是否正确的程序运行结果

注意：在使用 while 循环语句时，一定不要忘记添加将循环条件改变为 False 的代码，否则，将产生死循环。

3.3.2 for 循环

for 循环是一个依次重复执行的循环。通常适用于枚举或遍历序列，以及迭代对象中的元素。for 循环可遍历除数字以外的数据基本类型，如字符串、列表、集合，元组，字典等。语法如下：

```
for 迭代变量 in 对象：
    循环体
```

其中，迭代变量用于保存读取出的值；对象为要遍历或迭代的对象，该对象可以是任何有序的序列对象，如字符串、列表和元组等，循环体为一组被重复执行的语句。

for 循环语句的执行流程如图 3.17 所示。

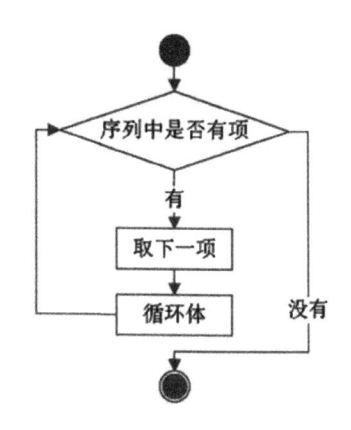

图 3.17 for 循环语句的执行流程图

（1）进行数值循环

在使用 for 循环时，最基本的应用就是进行数值循环。例如，想要实现从 1 到 100 的累加，可以通过下面的代码实现：

```
print("计算1+2+3+...+100的结果为：")
sum = 0      #保存累加结果的变量
for i in range(1,101):
    sum = sum + i  #实现累加功能
print(sum)   #在循环结束时输出结果
```

运行结果如图 3.18 所示。

```
计算1+2+3+...+100的结果为：
5050
```

图 3.18 进行数值循环的程序运行结果

注意：在上面的代码中，使用了 range() 函数，该函数是 Python 的内置函数，多用于 for 循环语句中，用于生成一系列连续的整数，其语法格式见本教材 2.3.3。在使用 range() 函数时，如果只有一个参数，那么表示指定的是 stop；如果有两个参数，则表示指定的是 start 和 stop；如果 3 个参数都存在时，最后一个参数表示步长 step。

下面通过一个具体的实例来演示 for 循环语句进行数值循环的具体应用。

▶ **实例 3-11** for 循环遍历数字解题

使用 for 循环语句实现从 1 循环到 100（不包含 100），并且记录能被 9 和 15 同时整除的数。具体的实现代码如下：

```
for i in range(1,100):
    if i%9 == 0 and i%15 == 0:
        print("100以内即能被9整除，又能被15整除的数是",i)
```

运行程序，运行结果如图 3.19 所示。

```
100以内即能被9整除，又能被15整除的数是 45
100以内即能被9整除，又能被15整除的数是 90
```

图 3.19 循环遍历数字解题的程序运行结果

（2）遍历字符串

使用 for 循环语句除了可以循环遍历数值，还可以遍历字符串中的每个字符。例如，下面的代码可以将横向显示的字符串转换为纵向显示：

```
string = "ABCDEFG"
print(string)      #横向展示
for ch in string:
    print(ch)  #纵向展示
```

运行程序，运行结果如图 3.20 所示。

```
ABCDEFG
A
B
C
D
E
F
G
```

图 3.20 遍历字符串程序的运行结果

说明：for 循环语句还可以用于迭代（遍历）列表、元组、集合和字典等。

（3）遍历列表

使用 for 循环遍历列表，代码如下：

```
animals = ['pig', 'chicken', 'duck', 'bird']
for i in animals:
    print(i)
```

运行程序，运行结果如图 3.21 所示。

```
pig
chicken
duck
bird
```

图 3.21 遍历列表程序运行结果

（4）遍历元组

使用 for 循环来遍历元组，代码如下：

```
tup1 = (11, 12, 13, 35, 51, 60, 81, 63, 46, 78, 54, 95)
for i in tup1:
    print(i,end = ' ')    # end=' ' 表示不换行，每次在同一行输出
```

运行程序，运行结果如图 3.22 所示。

```
11 12 13 35 51 60 81 63 46 78 54 95
```

图 3.22　遍历元组程序的运行结果

（5）遍历集合

同样的，我们使用 for 循环来遍历集合，代码如下：

```
set1 = {'zhangsan', 175, 60, 25}
for i in set1:
    print(i)
```

结果如图 3.23 所示。

```
25
60
175
zhangsan
```

图 3.23　遍历集合程序的运行结果

3.3.3 循环嵌套

在 Python 中，允许在一个循环体中嵌入另一个循环，这称为循环嵌套。for 循环和 while 循环都可以进行循环嵌套。

例如，在 while 循环中套用 while 循环的格式如下：

```
while 条件表达式 1:
    while 条件表达式 2:
        循环体 2
    循环体 1
```

在 for 循环中套用 for 循环的格式如下：

```
for 迭代变量 1 in 对象 1:
    for 迭代变量 2 in 对象 2:
        循环体 2
    循环体 1
```

在 while 循环中套用 for 循环的格式如下：

```
while 条件表达式 1:
    for 迭代变量 2 in 对象 2:
        循环体 2
    循环体 1
```

在 for 循环中套用 while 循环的格式如下：

```
for 迭代变量 1 in 对象 1:
    while 条件表达式 2:
        循环体 2
    循环体 1
```

除了上面介绍的 4 种嵌套格式外，还可以实现更多层的嵌套，因为与上面的嵌套方法类似，这里就不再一一列出了。

👉 实例 3-12 打印矩形

使用嵌套循环语句编写代码，打印如图 3.24 所示的运行结果。

```
✷ ✷ ✷ ✷ ✷
✷ ✷ ✷ ✷ ✷
✷ ✷ ✷ ✷ ✷
✷ ✷ ✷ ✷ ✷
✷ ✷ ✷ ✷ ✷
```

图 3.24　使用嵌套循环语句编写代码打印矩形的运行结果

分析：一行输出 5 个星号，重复打印 5 行即可。代码如下：

```
i = 1
while i <= 5:        # 一行星星开始
    j = 1
    while j <= 5:
        print('*', end = '')    # 在同一行输出 5 个 *
        j = j + 1    # 一行星星结束，换行显示下一行
    print()          # 换行
    i = i + 1
```

第 3 章 流程控制语句

▶ **实例 3-13** 打印直角三角形

使用嵌套循环语句编写代码，打印如图 3.25 所示的运行结果。

```
    *
    * *
    * * *
    * * * *
    * * * * *
```

图 3.25 使用嵌套循环语句编写代码打印直角三角形的运行结果

分析：每一行输出星星的个数和行数是对应相等的，即第一行打印一个星星，第五行则打印 5 个星星。代码如下：

```python
i = 1
j = 1
while j <= 5:
    j = 1
    while j <= i:
        print('*', end = '')
        j = j + 1
    print()  # 换行
    i = i + 1
```

▶ **实例 3-14** 打印等腰三角形

使用嵌套 for 循环语句编写代码，打印如图 3.26 所示的运行结果。

```
         *
        ***
       *****
      *******
     *********
    ***********
   *************
```

图 3.26 使用嵌套 for 循环语句编写代码打印等腰三角形的运行结果

分析：每一行输出星星的个数和行数对应的表达式关系。代码如下：

```python
for i in range(1,8):
    for j in range(1,8-i):
        print("", end = "")
    for j in range(1,2*i):
        print("*", end = "")
    print()
```

👉 **实例 3-15** 打印九九乘法表

使用嵌套的 for 循环打印九九乘法表，代码如下：

```python
for i in range(1,10):
    for j in range (1,i+1):
        print(str(j) + "x" + str(i) + "=" + str(i*j) + "\t", end = ' ')
    print()
```

运行结果如图 3.27 所示。

```
1x1=1
1x2=2    2x2=4
1x3=3    2x3=6    3x3=9
1x4=4    2x4=8    3x4=12   4x4=16
1x5=5    2x5=10   3x5=15   4x5=20   5x5=25
1x6=6    2x6=12   3x6=18   4x6=24   5x6=30   6x6=36
1x7=7    2x7=14   3x7=21   4x7=28   5x7=35   6x7=42   7x7=49
1x8=8    2x8=16   3x8=24   4x8=32   5x8=40   6x8=48   7x8=56   8x8=64
1x9=9    2x9=18   3x9=27   4x9=36   5x9=45   6x9=54   7x9=63   8x9=72   9x9=81
```

图 3.27 打印九九乘法表程序的运行结果

代码注解：本实例的代码使用了双层 for 循环，第一个循环控制乘法表行数，同时也是每一个乘法公式的第二个因数；第二个循环控制乘法表的列数，列数的最大值应该等于行数，因此第二个循环的条件应该是在第一个循环的基础上建立的。

3.4 跳转语句

当循环条件一直满足时，程序将会一直执行下去。如果在循环中间需要跳出循环或终止循环，也就是 for 循环结束之前，或者 while 循环找到结束条件之前。有两种方法来做到：

（1）使用 continue 语句结束当前循环，直接跳到下一次循环。

（2）使用 break 语句完全终止循环。

3.4.1 break 语句

break 语句可以终止当前的循环，包括 while 和 for 在内的所有控制语句。以重复打印 100 份文件为例，当打印到第 10 份文件时，收到通知打印取消。于是终止打印，这就相当于使用了 break 语句提前终止了循环。break 语句的语法比较简单，只需要在相应的 while 或 for 语句中加入即可。

说明：break 语句一般会结合 if 语句进行搭配使用，表示在某种条件下，跳出循环。如果使用嵌套循环，break 语句将跳出最内层的循环。在 while 语句中使用 break 语句的形式如下：

```
while 条件表达式1：
    执行代码
    if 条件表达式2：
        break
```

其中，条件表达式 2 用于判断何时调用 break 语句跳出循环。

在 for 语句中使用 break 语句的形式如下：

```
for 迭代变量 in 对象：
    执行代码
    if 条件表达式：
        break
```

👉 **实例 3-16** break 语句使用

```
for letter in 'Python':        # 当遍历到 "h" 时终止循环
    if letter == 'h':
        break
    print('当前字母 :', letter)
var = 10                       # 当变量 var 等于 5 时终止循环
while var > 0:
    print('当前变量值 :', var)
    var = var - 1
    if var == 5:
        break
print("Good bye!")
```

运行结果如图 3.28 所示。

```
当前字母  : P
当前字母  : y
当前字母  : t
当前变量值 : 10
当前变量值 : 9
当前变量值 : 8
当前变量值 : 7
当前变量值 : 6
Good bye!
```

图 3.28　使用 break 语句的程序运行结果

3.4.2 continue 语句

continue 语句的作用没有 break 语句强大，它只能终止本次循环而提前进入到下一次循环中。continue 语句的语法比较简单，只需要在相应的 while 或 for 语句中加入即可。

在 while 语句中使用 continue 语句的形式如下：

```
while 条件表达式1:
    执行代码
    if 条件表达式2:
        continue
```

其中，条件表达式 2 用于判断何时调用 continue 语句跳出循环。

在 for 语句中使用 continue 语句的格式如下：

```
for 迭代变量 in 对象:
    执行代码
    if 条件表达式:
        continue
```

下面来看一个具体的应用：几个好朋友一起玩逢七拍腿游戏，即从 1 开始依次数数，当数到尾数是 7 的数或 7 的倍数时，则不报出该数，而是拍一下腿。现在编写程序，从 1 数到 99，假设每个人都没有出错，计算一共要拍多少次腿。

▶ 实例 3-17　逢七拍腿游戏

通过在 for 循环中使用 continue 语句实现计算拍腿次数，即计算从 1 到 100（不包括 100），一共有多少个尾数为 7 或 7 的倍数这样的数，代码如下：

```
total = 99
for number in range(1,100):
    if number%7 == 0:#判断是否符合条件
        continue
    else:
        string = str(number)
        if string.endswith('7'):
            continue
        total -= 1         #不是7的倍数且尾数也不为7时，total少减一次
print("从1数到99共拍腿", total, "次。")
```

运行结果如图 3.29 所示。

从1数到99共拍腿 22 次。

图 3.29　使用 continue 语句的运行结果

在 Python 中还有一种 pass 语句，表示空语句。pass 语句主要为了保持程序结构的完整性，不做任何操作，一般起到占位作用。

3.5 项目实战

3.5.1 实战一：猜数字游戏

编写一个猜数字的小游戏，随机生成一个 1 到 30 之间（包括 1 和 30）的数字作为基准数，玩家每次通过键盘输入一个数字，如果输入的数字和基准数相同则成功过关，否则重新输入。如果玩家输入 0，则表示退出游戏。根据题目要求，完善下列代码：

```
import random         # 导入随机数模块
print('\n————————猜数字游戏————————\n')
random = random.randint(1, 30)       # 生成1到30之间的随机数
print("请输入 1~30 之间的任意一个数：")
while True:
    guess = eval(input())# 获取输入的数字
    if _____ and _____:
    # 若猜测的数字小于基准数且不为0，则提示用户输入的数太小，并让用户重新输入
        print('太小，请重新输入：')
    elif _____ and _____:
    # 若猜测的数字大于基准数且不为0，则提示用户输入的数太大，并让用户重新输入
        print('太大，请重新输入：')
```

```
    elif ＿＿＿＿＿＿＿＿＿＿：
        # 输入的数字与随机数相同时，用户猜对数字，获得成功，游戏结束
        print('恭喜你，你赢了，猜中的数字是： ', random)
        print('\n——————————游戏结束——————————')
        break
    elif ＿＿＿＿＿＿＿＿＿＿：     # 若输入的数字是 0，循环结束
        print('退出游戏！ ')
        break
```

运行结果如图 3.30 所示。

```
——————猜数字游戏——————
请输入1-30之间的任意一个数字：
15
太小，请重新输入：
20
太大，请重新输入：
18
太大，请重新输入：
17
恭喜你，你赢了，猜中的数字是： 17
——————————游戏结束——————————
```

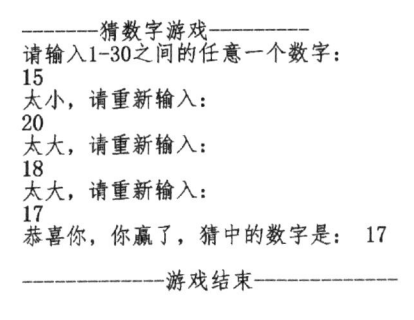

图 3.30　猜数字游戏的程序运行结果

3.5.2 实战二：模拟 10086 查询功能

编写 Python 程序，模拟 10086 自助查询系统的功能：

输入 1，显示您当前的余额；

输入 2，显示您当前剩余的流量，单位为 G；

输入 3，您当前的剩余通话，单位为分钟；

输入 0，退出自助查询系统。

根据题目要求，完善下列代码：

```
print('——————10086 查询功能——————\n')
print(' 输入 1，查询当前余额 \n'
      ' 输入 2，查询当前剩余流量 \n'
      ' 输入 3，查询当前剩余通话 \n'
      ' 输入 0，退出自助查询系统！ ')
while True:
    info = eval(input(' 请输入您要查询的内容： '))     # 获取输入内容
    ＿＿＿＿＿＿＿＿＿＿：
        print(' 当前余额为：999 元 ')
    ＿＿＿＿＿＿＿＿＿＿：
        print(' 当前剩余流量为：5G')
    ＿＿＿＿＿＿＿＿＿＿：
        print(' 当前剩余通话为：189 分钟 ')
    ＿＿＿＿＿＿＿＿＿＿：
        print(' 退出自助查询系统！ ')
        break
```

运行结果如图 3.31 所示。

```
------10086查询功能------
输入1，查询当前余额
输入2，查询当前剩余流量
输入3，查询当前剩余通话
输入0，退出自助查询系统！
请输入您要查询的内容：1
当前余额为：999元
请输入您要查询的内容：2
当前剩余流量为：5G
请输入您要查询的内容：3
当前剩余通话为：189分钟
请输入您要查询的内容：0
退出自助查询系统！
```

图 3.31 模拟 10086 查询功能的程序运行结果

3.5.3 实战三：使用嵌套循环输出 2 — 100 之间的素数

说明：素数是大于 1 且除了 1 和它本身以外，不能被其他整数整除的自然数。

根据题目要求，完善下列代码：

```
i = 2
while(_____):
    j = 2
    while(_____):
        if _____
            _____
        j = _____
    if (_____):
        print(i, " 是素数 ")
    _____
print("Game Over!")
```

运行结果如图 3.32 所示。

```
2    是素数
3    是素数
5    是素数
7    是素数
11   是素数
13   是素数
17   是素数
19   是素数
23   是素数
29   是素数
31   是素数
37   是素数
41   是素数
43   是素数
47   是素数
53   是素数
59   是素数
61   是素数
67   是素数
71   是素数
73   是素数
79   是素数
83   是素数
89   是素数
97   是素数
Game Over!
```

图 3.32　使用嵌套循环输出 2–100 之间的素数的程序运行结果

3.5.4 实战四：温度预警

炎炎夏日，温度持续升高，我们可爱的祖国建设者们却始终坚守在工作岗位上，顶着烈日，抗着高温。某工程现场中的设备上只显示了华氏温度，现需要使大家都能看到更常见的摄氏温度显示，并进行温度预警提示，进行以下 Python 程序编写：

首先把当前输入的华氏温度转化为摄氏温度（摄氏温度=（华氏温度-32）*5/9），然后对摄氏温度的两种情况进行不同处理。

当温度达到 35 度以上时，提醒采取以下措施：

（1）增加休息时间，避免长时间曝晒；

（2）多喝水，保持身体水分；

（3）穿着轻便透气的衣物，避免中暑；

（4）合理安排工作时间，避免高温时段过度劳累。

当温度超过 37 度时，提醒采取以下措施：

（1）暂停户外工作，转移到阴凉处休息；

（2）密切关注身体状况，如出现头晕、恶心等不适症状，及时就医；

（3）开启空调或风扇等降温设备，保持适宜的室内温度。

其他情况下，输出温度正常。

根据题目要求，完善下列代码：

```
fah = eval(input("请输入华氏温度："))
ce = _____   #将华氏温度转化为摄氏温度
print("摄氏温度为：",ce)
if_____:
    print("""
        温度预警提示：
        1．暂停户外工作，转移到阴凉处休息；
        2．密切关注身体状况，如出现头晕、恶心等不适症状，及时就医；
        3．开启空调或风扇等降温设备，保持适宜的室内温度。
        """)
elif _____:
    print("""
        温度预警提示：
        1．增加休息时间，避免长时间曝晒；
        2．多喝水，保持身体水分；
        3．穿着轻便透气的衣物，避免中暑；
        4．合理安排工作时间，避免高温时段过度劳累。
        """)
else:
    print("温度正常！")
```

运行结果如图 3.33 所示。

```
请输入华氏温度：100
摄氏温度为：37.8

        温度预警提示：
        1．暂停户外工作，转移到阴凉处休息；
        2．密切关注身体状况，如出现头晕、恶心等不适症状，及时就医；
        3．开启空调或风扇等降温设备，保持适宜的室内温度。

请输入华氏温度：95
摄氏温度为：35.0

        温度预警提示：
        1．增加休息时间，避免长时间曝晒；
        2．多喝水，保持身体水分；
        3．穿着轻便透气的衣物，避免中暑；
        4．合理安排工作时间，避免高温时段过度劳累。

请输入华氏温度：90
摄氏温度为：32.2
温度正常！
```

图 3.33　温度预警程序运行结果

3.5.5 实战五：计算一个整数各位上数字的和

说明：输入一个整数，计算它各位上数字的和。例：输入 124，和为 1+2+3=7，输入 2536，和为 2+5+3+6=16。（注意：输入的整数可以是任意位）。

根据题目要求，完善下列代码：

```
n = int(input('请输入一个数:'))
s = 0
m = 0
while m == 0:
    if n // 10 >= 1:
        s = _____
        n = _____
    else:
        _____    #计算各位数字的和
        _____    #跳出循环
print(s)
```

运行结果如图 3.34 所示。

请输入一个数：45
9

请输入一个数：256
13

请输入一个数：1205
8

图 3.34 计算一个整数各位上数字的和的程序的运行结果

3.5.6 实战六：打印水仙花数

说明：打印出所有的"水仙花数"，所谓"水仙花数"是指一个三位数，其各位数字立方和等于该数本身。例如：153 是一个"水仙花数"，因为 $153=1^3+3^3+5^3$。

根据题目要求，完善下列代码：

```
for n in range(100,1000):    #三位数的范围
    i = _____    #百位的值
    j = _____    #十位的值
    k = _____    #个位的值
    if n == _____:    #求水仙花数的值
        print(n)
```

运行结果如图 3.35 所示。

```
153
370
371
407
```

图 3.35　打印水仙花数程序的运行结果

3.5.7 实战七：输入月份，显示对应月份的节气

节气，起源于中国，是古代农耕文明对自然现象的一种细致划分。根据输入月份，输出显示对应月份中出现的节气，完善下列代码：

```
# 输入月份，显示对应月份的节气
ths = ['1月：小寒、大寒','2月：立春、雨水','3月：惊蛰、春分','4月：清明、谷雨',\
'5月：立夏、小满','6月：芒种、夏至','7月：小暑、大暑','8月：立秋、处暑',\
'9月：白露、秋分','10月：寒露、霜降','11月：立冬、小雪',\
'12月：大雪、冬至']
while True:
    month = int(input("请输入月份："))
    if month ! = 0:
        print(_____)
    else:
        break
```

运行结果如图 3.36 所示。

```
请输入月份：1
1月：小寒、大寒
请输入月份：4
4月：清明、谷雨
请输入月份：5
5月：立夏、小满
请输入月份：0
```

图 3.36　输入月份，显示对应月份的节气程序的运行结果

3.5.8 实战八：打印学生成绩

（1）编写程序。新建一个空列表，向其中添加 10 名同学的成绩（百分制）。

（2）显示此列表中所有成绩的最高成绩，最低成绩，平均成绩。

（3）将列表降序排序后，使用切片显示前三名成绩，后三名的成绩，排在第 3 名到第 5 名成绩；

（4）使用切片在列表首部插入一个 100 分，在尾部追加一个 0 分；

(5)使用切片将此时的列表的后五个数全部替换为60;

(6)使用切片删除倒数第1,3,5三个数;

(7)最后显示所有的成绩。

```
list = []#建立空列表
for i in range(_____):
    cj = int(input("请输入成绩"))
list.append(cj)
list.sort(reverse=1)           #列表排序
print("最高成绩",_____)        #输出最高成绩
print("最低成绩",_____)        #输出最低成绩
m = sum(list)
print("平均成绩",_____)        #输出平均成绩
print("前三名成绩",_____)    #输出前三名成绩
print("排在第3名到第5名成绩",_____)  #输出排在第3名到第5名成绩
print("后三名成绩",_____)    #输出后三名成绩
_____                       #在首部插入100分
_____                       #在尾部追加一个0分
list[7:] = [_____]        #替换列表后5个数为60
del list[_____]           #删除倒数第一个数
del list[_____]               #删除倒数第三个数
del list[_____]               #删除倒数第五个数
print(list)
```

运行结果如图3.37所示。

```
请输入成绩:90
请输入成绩:80
请输入成绩:70
请输入成绩:85
请输入成绩:95
请输入成绩:75
请输入成绩:88
请输入成绩:78
请输入成绩:98
请输入成绩:68
最高成绩 98
最低成绩 68
平均成绩 82.7
[98, 95, 90, 88, 85, 80, 78, 75, 70, 68]
前三名成绩 [98, 95, 90]
排在第3名到第5名成绩 [90, 88, 85]
后三名成绩 [75, 70, 68]
[100, 98, 95, 90, 88, 85, 80, 60, 60, 60]
```

图3.37 打印学生成绩程序的运行结果

3.6 小结

本章详细介绍了选择语句、循环语句、break 和 continue 语句的概念及应用。在程序设计中，语句是基本的程序执行单位，而流程控制语句则负责指导这些语句的执行顺序。本章通过若干实例，演示了每种流程控制语句的具体使用方法。特别强调的是，if 语句、while 和 for 循环语句在程序开发中比较常用，所以要求同学们不仅能够理解这些流程控制语句的原理，还能熟练地应用于实际程序开发。

3.7 练习题

1. 单选题

（1）当知道条件为 True，想要程序无限执行直到人为停止的话，需要使用（　　）语句。

    A. for   B. break   C. while   D. if

（2）下列哪一个保留字可以终结一个循环（　　）。

    A. for   B. break   C. while   D. if

（3）有以下的程序段，其中 k 取（　　）值时 x =3。

```
if k <= 10 and k > 0:
    if k > 5:
        if k > 8:
            x = 0
        else:
            x = 1
    else:
        if k > 2:
            x = 3
        else:
            x = 4
```

    A. 3 4 5   B. 1 2   C. 5 6 7   D. 5 6

（4）以下程序的执行结果是（　　）。

```
s = 0
for i in range(1,11):
    s += i
    if i == 10:
        print(s)
        break
```

    A. 66   B. 55   C. 45   D. 0

（5）求比 10 小且大于或等于 0 的偶数的代码如下，请将代码补充完善。

```
x = 10
while x:
    x = x - 1
    if x % 2 != 0:
        _____
        #请将代码补充完善
    print(x)
```

    A. break   B. continue   C. yield   D. flag

（6）下面程序的执行结果为（　　）。

```
for x in range(21,28,3):
    print(x, end = "")
```

    A. 21 22 23 24 25 26 27 28

    B. 21 22 23 24 25 26 27

    C. 21 23 25 27

    D. 21 24 27

（7）程序代码如下：

```
a,b,c = 7,5,3;
if(a > b):
    a = b
    b = c
    c = a
print(a, b, c)
```

程序的输出结果为（　　）。

　　A. 7 5 7　　　　　　B. 5 3 7　　　　　　C. 7 3 7　　　　　　D. 5 3 5

（8）程序代码如下：

```
k = 8
while k == 0:
    k = k - 1
```

下列说法正确的是（　　）。

　　A. while 循环执行 8 次　　　　　　B. 无限循环

　　C. 循环不执行　　　　　　　　　　D. 循环执行一次

2. 程序设计题

（1）编写程序，实现如下功能：判断输入的一个整数是否能同时被 2 和 3 整除，若能，则输出"Yes"，否则输出"No"。

（2）空气质量问题一直是社会所关注的，一种简化的判别空气质量的方式如下：PM2.5 的数值为 0~35（包括 0 但不包括 35）为优，35~75（包括 35 和 75）为良，75 以上为污染。请编写程序实现如下功能：输出 PM2.5 的值，输出当日的空气质量情况。

（3）输入一个整数，计算并输出该数的阶乘。阶乘是所有小于及等于该数的正整数的积，自然数 n 的阶乘写作"n!"。例如 5 的阶乘为 5!=1*2*3*4*5=120。

第 4 章
函数

在前面的章节中，程序运行时，都是每执行完一段代码后再执行后面的代码，直至程序结束。如果某一段代码在一个项目中需要多次用到，按照前面章节所学的编写方式，程序中就会出现大量的重复代码段，不仅容易产生难以排查的逻辑错误，而且代码的重复率高，这种做法势必会影响开发效率，在实际项目开发中是不可取的。那么如果想让某一段代码多次被重复使用，我们应该怎么做呢？在 Python 中，我们引入函数这一概念来解决这种问题。我们可以把实现某一功能的代码定义为一个函数，在需要使用时，随时调用即可，十分方便。函数，简而言之就是可以完成某项工作的代码块。

本章将对如何定义和调用函数及函数的参数、变量的作用域等内容进行详细介绍。本章中的知识框架结构如图 4.1 所示。

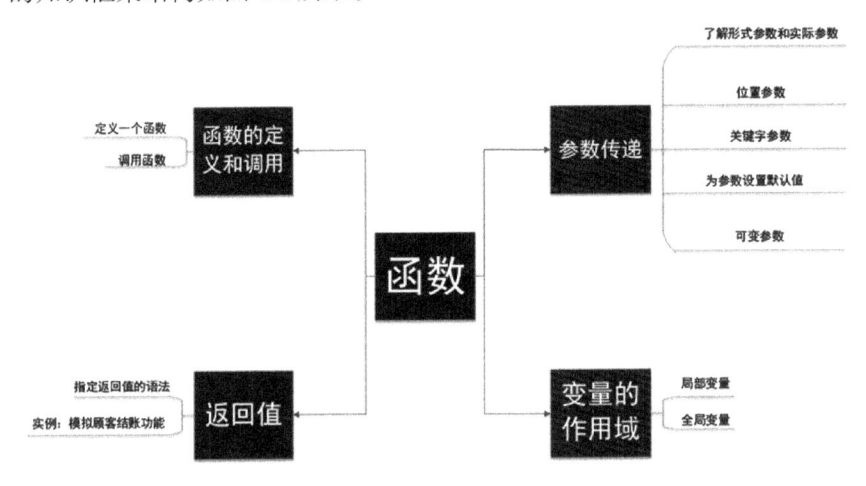

图 4.1 函数整体知识框架

4.1 函数的定义和调用

在 Python 中，函数的应用非常广泛，在前面我们已经多次接触过函数。在第 2 章中我们学习了一些 Python 内置的可以直接使用的标准函数，即用于输出的 print() 函数、用于输入的 input() 函数及用于生成一系列整数的 range() 函数。除了可以直接使用的标准函数外，Python 还支持自定义函数，即将其中能够完成某一任务，可能被重复利用的代码段定义为函数，从而达到一次编写、多次调用的目的。使用函数可以提高代码的重复利用率，设计合理的自定义函数名还能提高代码整体的可阅读性。

4.1.1 定义函数

函数是一段用于实现某些功能可重复调用的代码块。在 Python 中，定义函数具体的语法格式如下：

```
def functionname(parameterlist):
    ['''comments''']
    [functionbody]
    [return [value]]
```

参数说明：

functionname：函数名称，就是所要定义的函数的名字。

parameterlist：可选项，放于函数名后的括号中，用于指定向函数中传递的参数。如果圆括号内没有参数，那么在调用该函数时也不指定参数；如果圆括号内有多个参数，各参数间使用逗号","分隔，那么在调用该函数时也要指定多个参数。

comments：可选项，用于对函数进行注释，注释的内容通常是说明该函数的功能、要传递的参数的作用等，可以为用户提供该函数的使用帮助和友好提示。

functionbody：可选项，表示函数体，即该函数被调用后，要执行的功能代码。如果函数有返回值，可以使用下面的 return 语句返回。

return [value]：函数返回值，具体使用方法我们在 4.3 章节详细介绍。

注意：① def 是定义函数时必不可少的关键字，由它起始行，称为函数头。

②函数头的末尾结束处必须要有一个":"结束。

③即使函数没有参数，也必须保留一对空的"()"，否则函数将报错。

④相对于 def，函数中的其他部分都要保持缩进。

⑤ functionbody 部分与 return 部分，不可同时省略。

例如，定义函数 odd_even(x)：判断函数输入参数 x 是奇数还是偶数，代码如下：

Python程序设计案例教程

```
def odd_even(x):#自定义函数
    '''
    功能：输入一个数，判断其是奇数还是偶数，
如果该输入参数对2取余为0，该参数为偶数，否则为奇数
    '''
    if (x%2 == 0):
        print("该参数为偶数。")
    else:
        print("该参数为偶数。")
```

运行上面的代码，将不显示任何内容，也不会抛出异常，因为 odd_even(x) 函数还没有被调用（执行）。

4.1.2 调用函数

调用函数也就是执行函数。如果把定义函数理解为创建一个具有某种用途的工具，那么调用函数就相当于使用该工具。调用函数的基本语法格式如下：

```
functionname([parametersvalue])
```

参数说明：

functionname：函数名称，要调用的函数名称必须是已经定义好的函数。

parametersvalue：可选参数，用于指定各个参数的值。如果需要传递多个参数值，则各参数值间使用逗号分隔。如果该函数没有参数，则直接写一对圆括号即可。

👉 **实例 4-01** 输出每日一帖

在 Python 编译环境中创建一个名称为 function_tips.py 的文件，然后在该文件中定义一个名称为 function_tips 的函数，在该函数中，根据当前日期从励志文字列表中获取一条励志文字并输出，最后再调用函数 function_tips()，代码如图 4.2 所示。

```
def function_tips():#自定义函数，函数无输入参数
    '''功能：每日输出一励志贴，无返回值'''
    import datetime      # 导入日期时间模块，使用该模块中的时间函数
    #定义一个列表mot，列表里存放一周每天的励志贴
    mot = ["星期一：\n今年日是今日毕。", "星期二：\n付出就有收获。",
           "星期三：\n胜不骄败不馁。", "星期四：\n有志者事竟成。",
           "星期五：\n努力就会闪耀。", "星期六：\n坚持就是胜利。",
           "星期日：\n博学正直自信。"]
    day = datetime.datetime.now().weekday()   # 获取当前星期
    print(mot[day]) #输出一周中某一天励志贴的内容
function_tips()   #调用函数，函数自定义时无输入参数，所以调用时也无参数
```

运行结果如图 4.2 所示（假设运行当天为星期五）。

星期五：
努力就会闪耀。

图 4.2 输出每日一贴程序的运行结果

4.2 参数传递

在调用函数时，大多数情况下，主调用函数和被调用函数之间有数据传递关系，这就是有参数的函数形式。函数参数的作用是传递数据给函数使用，函数利用接收的数据进行具体的操作处理。

4.2.1 形式参数和实际参数

在使用函数时，经常会用到形式参数和实际参数，二者都叫作参数。本章节我们先讲解形式参数与实际参数的作用，再通过一个比喻和实例进行深入探讨两者的区别。

1. 通过作用理解

形式参数和实际参数在作用上的区别如下：

形式参数：在定义函数时，函数名后面括号中的参数为"形式参数"。

实际参数：在调用函数时，函数名后面括号中的参数为"实际参数"，也就是将函数的调用者提供给函数的参数称为实际参数。通过图 4.3 可以更好地理解。

```
def function(parameter):
    print(parameter)

Chinese = "一分耕耘，一分收获。"
English = "No pain, no gain."

function(Chinese)
function(English)
```

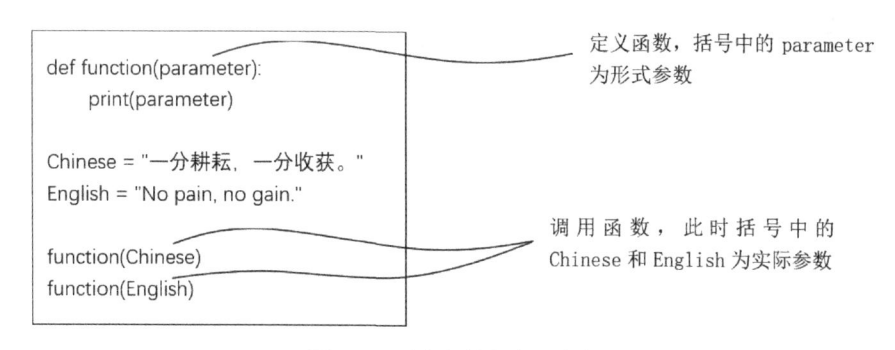

定义函数，括号中的 parameter 为形式参数

调用函数，此时括号中的 Chinese 和 English 为实际参数

图 4.3 形式参数和实际参数

根据实际参数的类型不同，可以分为将实际参数的值传递给形式参数和将实际参数的引用传递给形式参数两种情况。其中，当实际参数为不可变对象时，进行值传递；当实际参数为可变对象时，进行的是引用传递。实际上，值传递和引用传递的基本区别就是，进行值传递后，改变形式参数的值，实际参数的值不变；而进行引用传递后，改变形式参数的值，实际参数的值也一同改变。

例如，定义一个名称为 demo 的函数，然后为 demo() 函数传递一个字符串类型的变量作为参数（代表值传递），并在函数调用前后分别输出该字符串变量，再为 demo() 函数传递一下列表类型的变量作为参数（代表引用传递），并在函数调用前后分别输出该列表。

代码如下：

```
def demo(obj):   #自定义函数 demo，形式参数为 obj
    '''功能：对函数进行值传递和引用传递，对比两种传递的输出结果'''
    print("初始的原值:", obj)
    obj += obj   #参数值自增
#对下面为值传递和引用传递的输出结果
print("=====值传递=====")
mot = "一分耕耘，一分收获。"
print("函数调用前:", mot)
demo(mot)   #进行值传递时，对自定义函数的调用
print("函数调用后:", mot)
print("=====引用传递=====")
car = ['理想', '吉利', '比亚迪', '红旗']
print("函数调用前:", car)
demo(car)   #进行引用传递后，对自定义函数的调用
print("函数调用后:", car)
```

运行结果如图 4.4 所示。

```
=====值传递=====
函数调用前: 一分耕耘，一分收获。
初始的原值: 一分耕耘，一分收获。
函数调用后: 一分耕耘，一分收获。
=====引用传递=====
函数调用前: ['理想', '吉利', '比亚迪', '红旗']
初始的原值: ['理想', '吉利', '比亚迪', '红旗']
函数调用后: ['理想', '吉利', '比亚迪', '红旗', '理想', '吉利', '比亚迪', '红旗']
```

图 4.4 值传递和引用传递的运行结果

从上面的执行结果中可以看出，在进行值传递时，当形式参数的值改变后，实际参数的值不改变；在进行引用传递时，当形式参数的值改变后，实际参数的值也发生改变。

2. 通过一个比喻来理解形式参数和实际参数

函数定义时参数列表中的参数就是形式参数，而函数调用时传递进来的参数就是实际参数。这就像拍一部分电影一样，假设电影就是一个函数，电影剧本中人物（角色）相当于形式参数，而饰演这个人物的演员，相当于实际参数，电影选用不同的演员（实

际参数），对人物的塑造所产生的结果也不同。

👉 **实例 4-02** 根据身高、体重计算 BMI 指数

在 Python 编译器中创建一个名称为 function_bmi.py 的文件，然后在该文件中定义一个名称为 function_bmi 的函数，该函数包括 3 个参数，分别用于指定姓名、身高和体重，再根据公式：BMI= 体重 /（身高 × 身高）计算 BMI 指数，并输出结果，最后在函数体外调用两次 function_bmi 函数，代码如下：

```
def function_bmi(person, height, weight):
    '''功能：根据身高和体重计算BMI指数，其中person:姓名，height:身高,单位:米，weight:体重，单位：千克
    '''
    print(person + "的身高:" + str(height) + "米\t 体重:" + str(weight) +"千克")
    bmi = round(weight/(height*height),2)
    print(person + " 的BMI指数为: " + str(bmi))
    #判断身材是否合理
    if bmi < 18.5:
        print ("您的体重过轻~")
    if bmi >= 18.5 and bmi < 24:
        print(" 正常范围，注意保持 ")
    if bmi >= 24 and bmi < 30:
        print(" 您的体重过重 ~")
    if bmi >= 30:
        print(" 肥胖 ~")
#调用函数
function_bmi(" 张三 ", 1.83, 76)
function_bmi(" 李四 ", 1.65, 75)
```

运行结果如图 4.5 所示。

```
张三的身高:1.83米          体重:76千克
张三的BMI指数为: 22.69
正常范围，注意保持
李四的身高:1.65米          体重:75千克
李四的BMI指数为: 27.55
您的体重过重~
```

图 4.5 根据身高计算 BMI 指数程序的运行结果

从该实例代码和运行结果可以看出：

（1）定义一个根据身高、体重计算 BMI 指数的函数 function_bmi()，在定义函数时指定的变量 person、height 和 weight 称为形式参数。

（2）在函数 function_bmi() 中，函数体部分，根据传递进来的实际参数的值计算 BMI 指数，并进行相应的判断，然后输出结果。

(3)在调用 function_bmi() 函数时,指定的"张三"、1.85 和 76 等都是实际参数,在函数执行时,这些值将被传递给对应的形式参数。

4.2.2 位置参数

位置参数也称必备参数,是指形式参数必须按照正确的顺序传到函数中,即调用时传入的参数数量和位置必须和定义时参数数量和位置是一致的。

1. 数量必须与定义时一致

在调用函数时,指定的实际参数的数量必须与形式参数的数量一致,否则将抛出 TypeError 异常,提示缺少必要的位置参数。

2. 位置必须与定义时一致

在调用函数时,指定的实际参数的位置必须与形式参数的位置一致,否则可能产生以下两种结果。

(1)抛出 TypeError 异常

抛出该异常的情况主要是因为实际参数的类型与形式参数的类型不一致,并且在函数中,这两种类型还不能正常转换。

(2)产生的结果与预期不符

在调用函数时,如果指定的实际参数与形式参数的位置不一致,但是它们的数据类型一致,那么就不会抛出异常,而是产生结果与预期不符的问题。

说明:由于调用函数时,传递的实际参数的位置与形式参数的位置不一致时,并不会总是抛出异常,所以在调用函数时一定要确定好位置,否则报错,还不容易被发现。

4.2.3 关键字参数

关键字参数是指在调用函数时使用形式参数的名字来接收传入函数的参数值。使用该种方式相比前面按位置指定实际参数的好处是,在函数调用时不需要严格检查参数的位置,只要参数名正确对应即可,使参数传递的代码在阅读上更加直观方便。

例如,调用实例 02 中编写的 function_bmi(person,height,weight) 函数,通过关键字参数指定各个实际参数,代码如下:

```
#调用函数
function_bmi(height=1.83, weight=65, person="王五")
function_bmi("李四", 1.65, 75)
```

运行结果如图 4.6 所示。

```
王五的身高:1.83米          体重:65千克
王五的BMI指数为: 19.41
正常范围，注意保持
李四的身高:1.65米          体重:75千克
李四的BMI指数为: 27.55
您的体重过重
```

图 4.6　关键字参数程序的运行结果

从上面的结果中可以看出，虽然在指定实际参数时，顺序与定义函数时不一致，但是运行结果与预期是一致的。

4.2.4　为参数设置默认值

在调用函数时，如果某个参数没有被指定，Python 编译器将抛出异常，为了解决这个问题，我们可以为参数预设默认值，即在定义函数时，直接指定形式参数的值。当调用该函数时如果没有传入实际参数，则会使用定义函数时设置的默认值。定义带有默认值参数的函数的语法格式如下：

```
def functionname(parameter1 = defaultvalue1):
    [functionbody]
```

参数说明：

functionname：函数名称，在调用函数时使用。

parameter1 = defaultvalue1：定义函数时，用于指定向函数中传递的参数，并且为该参数设置默认值为 defaultvalue1，指定默认的形式参数必须在所有参数的最后，否则将产生语法错误。

functionbody：用于指定函数体，即该函数被调用后，要执行的功能代码。

例如，修改实例 4-02 中定义的根据身高、体重计算 BMI 指数的函数 function_bmi()，为其第一个参数指定默认值，修改后的代码如下：

```
# 自定义函数，指定默认形式参数在所有参数的最后
def function_bmi(height, weight, person="赵六"):
    ''' 功能：根据身高和体重计算BMI指数，其中person:姓名，height:身高,单位:米,
weight:体重,单位: 千克
    '''
    print(person +"的身高:" + str(height) + "米\t 体重:" + str(weight)+"千克")
    bmi = round(weight/(height * height),2)
```

```
        print(person + " 的 BMI 指数为: " + str(bmi))
        #判断身材是否合理
        if bmi < 18.5:
            print(" 您的体重过轻~")
        if bmi >= 18.5 and bmi < 24:
            print(" 正常范围，注意保持 ")
        if bmi >= 24 and bmi < 30:
            print(" 您的体重过重~")
        if bmi >= 30:
            print(" 肥胖~")
function_bmi(height=1.83, weight=65) #第一次调用函数
function_bmi(1.65, 75)#第二次调用函数
```

运行结果如图 4.7 所示。

```
赵六的身高:1.83米         体重:65千克
赵六的BMI指数为: 19.41
正常范围，注意保持
赵六的身高:1.65米         体重:75千克
赵六的BMI指数为: 27.55
您的体重过重
```

图 4.7 为参数设置默认值程序的运行结果

4.2.5 可变参数

在 Python 中，还可以定义可变参数。可变参数也称不定长参数，即传入函数中的实际参数可以是任意多个。

定义可变参数时，主要有两种形式：一种是 *parameter，另一种是 **parameter。

1. *parameter

这种形式表示接收任意多个实际参数并将其放到一个元组中。例如，定义一个函数，让其可以接收任意多个实际参数，代码如下：

```
def printsport(*sportname):    #自定义函数，输入参数为可变参数
    print("\n我喜欢的运动有: ")
    for item in sportname:
        print(item)
printsport(" 游泳 ")    #第一次调用函数
printsport(" 徒步 ", " 爬山 ", " 潜水 ", " 跑步 ", " 打篮球 ")    #第二次调用函数
```

运行结果如图 4.8 所示。

```
我喜欢的运动有：
游泳

我喜欢的运动有：
徒步
爬山
潜水
跑步
打篮球
```

图 4.8 *parameter 形式可变参数的运行结果

如果想要使用一个已经存在的列表作为函数的可变参数，可以在列表的名称前加"*"，例如下面的代码：

```
#定义函数
def printsport(*sportname):
    print("\n 我喜欢的运动有：")
    for item in sportname:
        print(item)     #输出运动名称
#调用3次上面的函数，分别指定不同的实际参数
printsport("游泳")
printsport("徒步","爬山","潜水","跑步","打篮球")
parm = ["徒步","打羽毛球","跳绳","踢足球","打篮球"]
printsport(*parm)
```

运行结果如图 4.9 所示。

```
我喜欢的运动有：
游泳

我喜欢的运动有：
徒步
爬山
潜水
跑步
打篮球

我喜欢的运动有：
徒步
打羽毛球
跳绳
踢足球
打篮球
```

图 4.9 使用一个已经存在的列表作为可变参数的运行结果

2. **parameter

这种形式表示接收任意多个类似关键字参数一样显式赋值的实际参数,并将其放到一个字典中。例如,定义一个函数,让其可以接收任意多个显式赋值的实际参数。

如果想要使用一个已经存在的字典作为函数的可变参数,可以在字典的名称前加"**",和上面类似,例如:

```
def printinfo(**stu_info):
    for i in stu_info:
        print (i,stu_info[i])
stu_info = {'姓名':'小明','性别':'男','年龄':'16','爱好':'打篮球'}
printinfo(**stu_info)
```

4.3 返回值

到目前为止,我们定义的函数都只是为我们做一些事,做完就结束了。但实际上,有时还需要对事情的结果进行获取。这类似于老师向学生布置学习任务,接着学生去完成学习任务,在完成后需要向老师汇报学习任务完成的情况。

在 Python 中,可以在函数体内使用 return 语句为函数指定返回值。在函数中,无论什么位置,只要 return 语句得到执行,就会直接结束该函数。

return 语句的语法格式如下:

```
return [value]
```

参数说明:

value:用于指定要返回的值,可以仅返回一个值,也可以返回多个值。

在调用函数时,可以把返回值赋给一个变量(如 result),用于保存函数的返回结果。如果返回一个值,那么 result 中保存的就是返回的一个值,该值可以为任意类型。

在 return 语句中如果同时指定多个返回值,多个返回值之间需使用","分隔,这些返回值将作为一个元组返回给调用者。例如,定义函数实现计算两个数的和的功能,并调用该函数,代码如下:

```
def add(x,y):#自定义函数
    '''功能：计算两个数的和，形式参数为 x 和 y'''
    print(str(x) + "与" + str(y) + "的和为：")
    result = x + y #自定义函数返回值给主调用函数
    return result
print(add(8,4)) #调用函数
```

运行结果如图 4.10 所示。

8与4的和为：
12

图 4.10　返回值程序的运行结果

说明：当函数中没有 return 语句时，或者省略了 return 语句的参数时，将返回 None，即返回空值。

4.4 变量的作用域

变量的作用域是指程序代码能够访问该变量的区域，如果超出该区域，访问时就会出现错误。变量的作用域由变量的定义位置决定，在不同位置定义的变量，变量的作用域是不一样的。根据变量的作用域，可以把变量分为局部变量和全局变量。

4.4.1 局部变量

局部变量是指在函数内部定义并使用的变量，它只在函数内部有效。即函数内部定义的变量只有在函数运行时才会创建，在函数运行之前或者运行完毕之后，该变量都不能使用。

例如，定义函数，在该函数内定义一个局部变量 message，在该函数内部及外部分别输出该局部变量的值，代码如下：

```
def f_demo():
    message = "坚持就是胜利！"  #定义局部变量
    print("函数体内：局部变量 message=",message)
f_demo()
print("函数体外：局部变量 message=",message)
```

运行结果如图 4.11 所示。

```
函数体内:局部变量message= 坚持就是胜利!
Traceback (most recent call last):
  File "C:/局部变量.py", line 5, in <module>
    print("函数体外:局部变量message=",message)
NameError: name 'message' is not defined
```

图 4.11　局部变量程序运行结果

从运行结果可以看出来，如果在函数外部访问其函数内部定义的局部变量，Python 编译器会报命名错误，即提示我们没有定义要访问的变量，这也就是说，局部变量只能在被定义的函数内访问。

4.4.2 全局变量

全局变量是在函数体外定义的变量，它在函数体内、外部都有效。全局变量的使用主要有以下两种情况：

（1）如果一个变量，在函数体外定义，那么不仅在函数外可以访问到，在函数内也可以访问到。

例如，定义一个全局变量 message，然后再定义一个函数，在该函数内输出全局变量 message 的值，代码如下：

```python
message = "坚持就是胜利！"   #定义全局变量
def f_demo():
    print('函数体内：全局变量message=',message)#全局变量在函数体内可以输出

f_demo()
print('函数体外：全局变量message=',message)#全局变量在函数体外也可以输出
```

运行结果如图 4.12 所示。

```
函数体内:全局变量message= 坚持就是胜利!
函数体外:全局变量message= 坚持就是胜利!
```

图 4.12　全局变量程序运行结果

▶ **实例 4-03**　一棵松树的梦

在 Python 编译器中创建一个名称为 differenttree.py 的文件，先定义一个全局变量 pinetree，并为其赋初始值，再定义一个名称为 fun_tree 的函数，在该函数中定义名称为 pinetree 的局部变量，并输出，最后在函数体外调用 fun_tree() 函数，并输出全局变量 pinetree 的值，代码如下：

```
pinetree = "我是一棵松树"      #定义一个全局变量
def fun_tree():
    '''功能：一棵松树的梦，无返回值'''
    pinetree = "挂上彩灯、礼物...我变成一颗圣诞树\n"  #定义一个局部变量
    print(pinetree)
#******************* 函数体外 *******************
print("\n下雪了...\n")
print("======== 开始做梦 ========\n")
fun_tree()
print("======== 梦醒了 ========\n")
pinetree = "我身上落满雪花," + pinetree + "—_—"
print(pinetree)
```

运行结果如图 4.13 所示。

下雪了...

========开始做梦========

挂上彩灯、礼物...我变成一颗圣诞树

========梦醒了========

我身上落满雪花,我是一棵松树—_—

图 4.13　一颗松树的梦程序运行结果

说明：当局部变量与全局变量重名时，对函数体内的局部变量进行赋值后，不会影响函数体外的全局变量。

（2）在函数体内定义的局部变量，如果使用 global（全局变量关键字）声明后，该变量也就变为全局变量。在函数体外也可以访问到该变量，并且在函数体内还可以对其进行修改。代码如下：

```
message = "坚持就是胜利！"   #定义全局变量
print('函数体外：全局变量 message=',message)
def f_demo():
    global message
    message = "失败是成功之母！"
    print('函数体内：全局变量 message=',message)
f_demo()
print('函数体外：全局变量 message=',message)
```

运行结果如图 4.14 所示。

```
函数体外:全局变量message= 坚持就是胜利!
函数体内:全局变量message= 失败是成功之母!
函数体外:全局变量message= 失败是成功之母!
```

图 4.14 使用 global 声明后的变量运行结果

注意：尽管 Python 允许全局变量和局部变量重名，但是在实际开发时，不建议这么做，因为这样容易让代码混乱，很难分清哪些是全局变量，哪些是局部变量。上面的代码可以将前 2 行转变为注释后再次运行，查看结果后，请说一说程序中 global 关键字的作用。

4.5 项目实战

4.5.1 实战一：根据出生日期判断属相

根据出生日期可以判断出来所属属相。例如 1991 年为羊年。

十二生肖按照顺序为鼠、牛、虎、兔、龙、蛇、马、羊、猴、鸡、狗、猪。其中 1900 年为鼠年，十二生肖每 12 年循环一次。

编程实现根据输入出生日期，可以判断出属相。部分代码如下，请补充完整。

```
# 计算属相
def zodiac(year):
    # 属相列表
    zodiacs = ['鼠','牛','虎','兔','龙','蛇','马','羊','猴','鸡','狗','猪']
    index = _____
    return _____
year = int(input('请输入您的四位出生年份（例如：1991 年）：'))
# 输出属相
print('我的出生年份是' + _____ + '年,' + '我的属相是' + _____ )
```

4.5.2 实战二：判断一个字符串是否为回文字符串

回文字符串表示一个字符串从左往右读和从右往左读相等，那么这个字符串就是回文字符串，否则就不是回文字符串。例如字符串 'level' 从左往右读和从右往左读都是 'level'，那么它就是回文字符串，字符串 'abc'，从左往右读为 'abc'，从右往左读 'cba'，不相等，那么它就不是回文字符串。

编程实现根据输入一个字符串，可以判断其是否为回文字符串。部分代码如下，请补充完整。

```
# 判断一个字符串是否为回文串
def is_palindrome(string):
# 字符串正序与当前字符串倒序是否相等,True 表示是回文串, False 表示不是回文串
    _____
# 输入一个字符串
is_paldrm = input("请输入一个字符串:")
print('该字符串是否为回文串: ' + _____)
```

4.5.3 实战三：实现简单计算器的功能

Python 是可以进行各种计算的编程语言，我们使用函数实现计算器的功能。部分代码如下，请补充完整并运行程序。

```
# 计算器函数的定义
def calculator():
    num1 = _____
    op = input("请输入运算符:")
    num2 = _____
    if op == "+":
        _____
    elif op == "-":
        _____
    elif op == "*":
        _____
    elif op == "/":
        _____
    else:
        print("不支持的运算符");

calculator()            # 函数调用
```

4.5.4 实战四：谨防校园贷陷阱

随着"白条""花呗"等互联网金融平台快速兴起，相关市场也日趋细化，其中，校园贷款、校园分期成为各大机构的香饽饽。与此同时，个别学生因此背上了高额负债。

有一个案例，是一名高二学生小张迷上手机游戏，为了购买装备，三天内不知不觉消费了将近 800 元，当他取钱充饭卡发现银行卡只有 100 元，距父母给生活费还有两周时间，一向好面子的小张想起来校门口的借贷小广告。日息1%，免担保，快速审核。

请你利用所学知识，开发一款计算借贷金额程序，帮助案例中的小张计算下还款金额，防止更多同学掉进校园贷陷阱。部分代码如下，请补充完整并运行程序。

```
# 校园贷款还贷功能
def CampusLoad():
    S = float(input("请输入借贷的金额"))
    T = float(input("请输入借贷的天数"))
    a1 = _____         # 请计算出借了 T 天后的还款金额
    print("到期还款金额为："+_____)

CampusLoad()
```

4.5.5 实战五：计算长方形面积函数

计算长方形面积函数，通过设定长和宽，计算乘积得出面积的数值。部分代码如下，请补充完整并运行程序。

```
# 计算面积函数
def area(width, height):
    return _____
width = 4
height = 5
print(_____)
```

4.5.6 实战六：猴子吃桃问题

猴子第一天摘下若干个桃子，当即吃了一半，还不过瘾，又多吃了一个。第二天早上又将剩下的桃子吃掉一半，又多吃了一个。以后每天早上都吃了前一天剩的一半多一个。到第 10 天早上想再吃时，见只剩下一个桃子了，求第一天共摘了多少桃子？部分代码如下，请补充完整并运行程序。

```
def fun1(day):
    if day == 10:
        return 1
    elif day > 10:
        print('超出时间限制了')
    else:
        return _____

res = _____
print(res)
```

4.6 小结

本章中首先介绍了定义函数的相关知识，其中包括如何定义并调用函数，以及如何进行参数传递；接下来介绍了形式参数和实际参数，还有几种不同的参数传递方式；随后介绍了函数的返回值，最后又介绍了变量的作用域。在这些知识中，掌握了函数的定义方法之后，要重点掌握如何通过不同的方式为函数传递参数以及变量的作用域等知识。

4.7 练习题

1. 单选题

（1）只能在被定义的函数内部访问的是（　　）。

A. 局部变量　　　B. 自定义变量　　　C. 全局变量　　　D. 无正确答案

（2）针对以下代码，正确的选项是（　　）。

```
str = "Hello"
def demo():
    str = "Python"
    print(str)

demo()
```

　　A. 调用 demo，会输出 "Hello"。　　　　B. 调用 demo，会输出 "Python"。

　　C. 调用 demo，程序会报错。　　　　　D. 调用 demo，会输出 "HelloPython"。

(3) 定义一个函数如下所示：

```
def demo(x,y=9):
    z = x + y
    print(z)
```

以下调用方式错误的是（　　）。

A. demo(1)　　　B. demo(2,)　　　C. demo(3,4)　　　D. demo(5,6,7)

(4) 请阅读下面的代码：

```
def numbers(num_1, num_2, num_3, *nums):
    print(nums)

numbers(1, 2, 3, 4, 5,6)
```

运行代码，输出结果为（　　）。

A. (1,2,3)　　　B. (1,2,3,4)　　　C. (3,4,5,6)　　　D. (4,5,6)

(5) 请阅读下面的代码：

```
x = 10
def numbers_add(y):
    global x
    x = 20
    return x + y

print(numbers_add(30))
```

运行代码，输出结果为（　　）。

A. 30　　　B. 40　　　C. 50　　　D. 2030

(6) 有定义函数如下：

```
def calc(a=0, b=0, c=0):
    d = a + b + c
    print(d)
```

以下说法正确的是（　　）。

A. 执行 calc(1) 时，实际参数值的 1 传递给了形式参数 c。

B. calc 函数的的返回值由它的变量 d 决定。

C. 执行函数时无法单独给形式参数的 b 传递具体的数值。

D. 执行 calc(1,2,3) 时，calc 函数的返回值是空值。

2. 判断题

（1）用户自定义的函数，返回值可以是表达式。（　　）

（2）全局变量可以在自定义函数里直接访问和修改。（　　）

（3）函数在定义完成后会立刻执行。（　　）

（4）函数可以提高代码的复用性。（　　）

（5）定义 Python 函数时必须指定函数返回值类型。（　　）

3. 编程题

（1）编写函数，假设传递给函数的实际参数为 k，实现求 1+2+3+⋯+k 的和的功能。返回值为所求得的和。

（2）编写函数，从键盘输入一个三位数，判断该数是否为水仙花数。说明：所谓"水仙花数"是指一个三位数，其各位数字立方和等于该数本身。例如：153 是一个"水仙花数"，因为 $153=1^3+3^3+5^3$。

（3）编写函数，从键盘上输入一个学生的数学成绩，判断班级同学的数学成绩是否可以评为优秀。评判标准如下：成绩 <60，不及格；60<= 成绩 <80，及格；80<= 成绩 <90，良好；成绩 >=90，优秀。

第 5 章 文件及目录操作

在 Python 中，内置了文件（File）对象。在使用文件对象时，首先需要通过内置的 open() 方法创建或打开一个文件对象，然后使用该对象提供的方法进行基本文件操作。例如，可以使用文件对象的 write() 方法向文件中写入内容，使用 read() 方法从文件读取内容，使用 close() 方法关闭文件等。本章将介绍如何应用 Python 的文件对象进行基本文件操作。

5.1 基本文件操作

5.1.1 创建和打开文件

在 Python 中，想要操作文件需要先创建或者打开指定的文件并创建文件对象，可以通过内置的 open() 函数实现。open() 函数的基本语法格式如下：

```
file = open(filename[mode[buffering]])
```

参数说明：

file：被创建的文件对象。

filename：要创建或打开文件的文件名称，需要使用单引号或双引号括起来。如果要打开的文件和当前文件在同一个目录录下，那么直接写文件名即可，否则需要指定完整路径。例如，要打开当前路径下的名称为 status.txt 的文件，可以使用 "status.txt"。

mode：可选参数，用于指定文件的打开模式，其参数值如表 5.1 所示。默认的打开模式为只读（即 r）。

表 5.1 mode 参数的参数值说明

模式	描述
t	文本模式（默认）
x	写模式，新建一个文件，如果该文件已存在则会报错
b	二进制模式
+	打开一个文件进行更新（可读可写）
U	通用换行模式（不推荐）
r	以只读方式打开文件，文件的指针将会放在文件的开头，这是默认模式
rb	以二进制格式打开一个文件用于只读，文件指针将会放在文件的开头，这是默认模式，一般用于非文本文件如图片等
r+	打开一个文件用于读写，文件指针将会放在文件的开头
rb+	以二进制格式打开一个文件用于读写，文件指针将会放在文件的开头，一般用于非文本文件如图片等
w	打开一个文件只用于写入，如果该文件已存在则打开文件，并从开头开始编辑，即原有内容会被删除；如果该文件不存在，创建新文件
wb	以二进制格式打开一个文件只用于写入，如果该文件已存在则打开文件，并从开头开始编辑，即原有内容会被删除；如果该文件不存在，创建新文件，一般用于非文本文件如图片等
w+	打开一个文件用于读写，如果该文件已存在则打开文件，并从开头开始编辑，即原有内容会被删除；如果该文件不存在，创建新文件
wb+	以二进制格式打开一个文件用于读写，如果该文件已存在则打开文件，并从开头开始编辑，即原有内容会被删除；如果该文件不存在，创建新文件，一般用于非文本文件如图片等
a	打开一个文件用于追加，如果该文件已存在，文件指针将会放在文件的结尾；也就是说，新的内容将会被写入到已有内容之后；如果该文件不存在，创建新文件进行写入
ab	以二进制格式打开一个文件用于追加，如果该文件已存在，文件指针将会放在文件的结尾，也就是说，新的内容将会被写入到已有内容之后；如果该文件不存在，创建新文件进行写入
a+	打开一个文件用于读写，如果该文件已存在，文件指针将会放在文件的结尾，文件打开时会是追加模式，如果该文件不存在，创建新文件用于读写
ab+	以二进制格式打开一个文件用于追加，如果该文件已存在，文件指针将会放在文件的结尾；如果该文件不存在，创建新文件用于读写

buffering：可选参数，用于指定读写文件的缓冲模式，值为 0 表示不缓存；值为 1 表示缓存；如果大于 1，则表示缓冲区的大小。默认为缓存模式。

使用open()方法可以实现以下几个功能：

（1）打开一个不存在的文件时先创建该文件

在当前目录下（即与执行的文件相同的目录）创建一个名称为status.txt的文件。在调用open()函数时，指定mode的参数值为w、w+、a、a+，这样，当要打开的文件不存在时，就可以创建新的文件了。

（2）以二进制形式打开文件

使用open()函数不仅可以以文本的形式打开文本文件，而且还可以以二进制形式打开非文本文件，如图片文件、音频文件、视频文件等。例如，创建一个名称为picture.png的图片文件，并且应用open()函数以二进制方式打开该文件。以二进制方式打开该文件，并输出创建的对象的代码如下：

```
file = open('picture.png','rb')
print(file)
```

执行上面的代码后会显示如图5.1的结果。

<_io.BufferedReader name='picture.png'>

图5.1 创建并打开文件程序的运行结果

可以看出，创建的是一个BufferedReader对象。该对象生成后，可以再应用其他的第三方模块进行处理。例如，上面的BufferedReader对象是通过打开图片文件实现的。那么就可以将其传入到第三方的图像处理库PIL的Image模块的open方法中，以便于对图片进行处理（如调整大小等）。

（3）打开文件时指定编码方式

在使用open()函数打开文件时，默认采用GBK编码，当被打开的文件不是GBK编码时，将抛出异常。

解决该问题的方法有两种，一种是直接修改文件的编码，另一种是在打开文件时，直接指定使用的编码方式。推荐采用后一种方法。下面重点介绍如何在打开文件时指定编码方式。

在调用open()函数时，通过添加encoding='utf-8'参数即可实现将编码指定为UTF-8。如果想要指定其他编码，可以将单引号中的内容替换为想要指定的编码即可。

例如，打开采用UTF-8编码保存的notice.txt文件，可以使用下面的代码：

```
file = open('notice.txt', 'r', encodirg='utf-8')
```

5.1.2 关闭文件

打开的文件处理完成后，需要及时关闭，以释放文件句柄等系统资源。关闭文件可以使用文件对象的 close() 方法实现。close() 方法的语法格式如下：

```
file.close()
```

其中，file 为打开的文件对象。

说明：close() 方法先刷新缓冲区中还没有写入的信息，然后再关闭文件，这样可以将没有写入到文件的内容写入到文件中。在关闭文件后，便不能再进行写入操作了。

5.1.3 打开文件使用 with 语句

打开文件后，要及时将其关闭，如果忘记关闭可能会带来意想不到的问题。另外，如果在打开文件时抛出了异常，那么将导致文件不能被及时关闭。为了更好地避免此类问题发生，可以使用 Python 提供的 with 语句，从而实现在处理文件时，无论是否抛出异常，都能保证 with 语句执行完毕后关闭已经打开的文件。with 语句的基本语法格式如下：

```
with expression as target:
    with-body
```

参数说明：

expression：用于指定一个表达式，这里可以是打开文件的 open() 函数。

target：用于指定一个变量，并且将 expression 的结果保存到该变量中。

with-body：用于指定 with 语句体，其中可以是执行 with 语句后相关的一些操作语句。如果不想执行任何语句，可以直接使用 pass 语句代替。

5.1.4 写入文件内容

在前面的章节中，虽然创建并打开一个文件，但是该文件中并没有任何内容，它的大小是 0KB。Python 的文件对象提供了 write() 方法，可以向文件中写入内容。write() 方法的语法格式如下：

```
file.write(string)
```

其中，file 为打开的文件对象；string 为要写入的字符串。

注意：在调用 write() 方法向文件中写入内容的前提是在打开文件时，指定的打开模式为 w（可写）或者 a（追加），否则，将抛出异常。

多学两招：在 Python 的文件对象中除了提供了 write() 方法、还提供了 writelines() 方法，可以实现把字符串列表写入文件，但是不添加换行符。

5.1.5 读取文件

在 Python 中打开文件后，除了可以向其写入或追加内容，还可以读取文件中的内容。

读取指定字符文件对象：Python 提供了 read() 方法读取指定个数的字符，语法格式如下：

```
file.read(size)
```

参数说明：

file：为打开的文件对象。

size：可选参数，用于指定要读取的字符个数，如果省略，则一次性读取所有内容。

注意：在调用 read() 方法读取文件内容的前提是在打开文件时，指定的打开模式为 r（只读）或者 r+（读写），否则，将抛出异常。

例如，要读取 message.txt 文件中的前 9 个字符，可以使用下面的代码：

```
with open('message.txt', 'r+', encoding='utf-8')as file:
    string = file.read(9)
    print(string)
```

运行结果如图 5.2。

hello wor

图 5.2　读取文件的程序运行结果

▶**实例 5-01** 读取 txt 内容

在 IDLE 中创建一个名称为 read.py 的文件，在同目录下新建一个 message.txt 的记事本文件，往里面写入一段文字。通过 Python 代码读取记事本里面的内容。代码如下：

```
print("\n", "="*30, " 将进酒 ", "="*30, "\n")
with open('message.txt', 'r+', encoding='utf-8')as file:
    number = 0
    while True:
        number += 1
        line = file.readline()
        if line == '':
            break
        print(number, line, end=" \n" )

print("\n", "="*30, " 完结 ", "="*30, "\n")
```

运行结果如图 5.3 所示。

```
============================ 将进酒 ============================
1 君不见，黄河之水天上来，奔流到海不复回。
2 君不见，高堂明镜悲白发，朝如青丝暮成雪。
3 人生得意须尽欢，莫使金樽空对月。
4 天生我材必有用，千金散尽还复来。
5 烹羊宰牛且为乐，会须一饮三百杯。
6 岑夫子，丹丘生，将进酒，杯莫停。
7 与君歌一曲，请君为我倾耳听。
8 钟鼓馔玉不足贵，但愿长醉不愿醒。
9 古来圣贤皆寂寞，惟有饮者留其名。
10 陈王昔时宴平乐，斗酒十千恣欢谑。
11 主人何为言少钱，径须沽取对君酌。
12 五花马，千金裘，呼儿将出换美酒，与尔同销万古愁。
============================ 完结 ============================
```

图 5.3 读取 txt 内容程序的运行结果

5.2 目录操作

目录也称文件夹，用于分层保存文件。通过目录可以分门别类地存放文件。我们也可以通过目录快速找到想要的文件。在 Python 中，并没有提供直接操作目录的函数或者对象，而是需要使用内置的 os 和 os.path 模块实现。

说明：os 模块是 Python 内置的与操作系统功能和文件系统相关的模块。该模块中的语句的执行结果通常与操作系统有关，在不同操作系统上运行，可能会得到不一样的结果。

常用的目录操作主要有判断目录是否存在、创建目录、删除目录和遍历目录等，本节将详细介绍。

说明：本章的内容都是以 Windows 操作系统为例进行介绍的，所以代码的执行结果也都是在 Windows 操作系统下显示的。

5.2.1 os 和 os.path 模块

在 Python 中，内置了 os 模块及其子模块 os.path 用于对目录或文件进行操作。在使用 os 模块或者 os.path 模块时，需要先应用 import 语句将其导入，然后才可以应用它们提供的函数或者变量。导入 OS 模块可以使用下面的代码：

```
import os
```

说明：导入 os 模块后，也可以使用其子模块 os.path。

导入 os 模块后，可以使用该模块提供的通用变量获取与系统有关的信息。常用的变量有：

name：用于获取操作系统类型。

例如，在 Windows 操作系统下输出 os.name，将显示"nt"的结果。

其他常见的命令可参考表 5.2 所示：

表 5.2　os 模块与目录相关的函数

序号	函数名	使用方法
1	getcwd()	返回当前工作目录
2	chdir(path)	改变工作目录
3	listdir(path='.')	列举指定目录中的文件名（'.'表示当前目录,'..'表示上一级目录）
4	mkdir(path)	创建单层目录，如该目录已存在则抛出异常
5	makedirs(path)	递归创建多层目录，如该目录已存在则抛出异常，注意：'E:\\a\\b'和'E:\\a\\c'并不会冲突
6	remove(path)	删除文件
7	rmdir(path)	删除单层目录，如该目录非空则抛出异常
8	removedirs(path)	递归删除目录，从子目录到父目录逐层尝试删除，遇到目录非空则抛出异常
9	rename(old, new)	将文件 old 重命名为 new

表 5.2（续）

序号	函数名	使用方法
10	system(command)	运行系统的 shell 命令
11	walk(top)	遍历 top 路径以下所有的子目录，返回一个三元组：（路径，[包含目录]，[包含文件]）
12	os.curdir	指代当前目录（'.'）
13	os.pardir	指代上一级目录（'..'）
14	os.sep	输出操作系统特定的路径分隔符（Win 下为 '\\'，Linux 下为 '/'）
15	os.linesep	当前平台使用的行终止符（Win 下为 '\r\n'，Linux 下为 '\n'）
16	os.name	指代当前使用的操作系统（包括：'posix'，'nt'，'mac'，'os2'，'ce'，'java'）
17	basename(path)	去掉目录路径，单独返回文件名
18	dirname(path)	去掉文件名，单独返回目录路径
19	join(path1[,path2[,...]])	将 path1，path2 各部分组合成一个路径名
20	split(path)	分割文件名与路径，返回(f_path, f_name)元组。如果完全使用目录，它也会将最后一个目录作为文件名分离，且不会判断文件或者目录是否存在
21	splitext(path)	分离文件名与扩展名，返回(f_name, f_extension)元组
22	getsize(file)	返回指定文件的尺寸，单位是字节
23	getatime(file)	返回指定文件最近的访问时间（浮点型秒数，可用 time 模块的 gmtime() 或 localtime() 函数换算）
24	getctime(file)	返回指定文件的创建时间（浮点型秒数，可用 time 模块的 gmtime() 或 localtime() 函数换算）
25	getmtime(file)	返回指定文件最新的修改时间（浮点型秒数，可用 time 模块的 gmtime() 或 localtime() 函数换算）
26	exists(path)	判断指定路径（目录或文件）是否存在
27	isabs(path)	判断指定路径是否为绝对路径
28	isdir(path)	判断指定路径是否存在且是一个目录
29	isfile(path)	判断指定路径是否存在且是一个文件
30	islink(path)	判断指定路径是否存在且是一个符号链接
31	ismount(path)	判断指定路径是否存在且是一个挂载点
32	samefile(path1,paht2)	判断 path1 和 path2 两个路径是否指向同一个文件

注：9-25 是支持所有平台操作中常用到的一些定义，支持所有平台。26-32 为函数返回 True 或 False。

5.2.2 路径

用于定位一个文件或者目录的字符串被称为一个路径。在程序开发时，通常涉及两种路径，一种是相对路径，另一种是绝对路径。

1. 相对路径

在学习相对路径之前，需要先了解什么是当前工作目录。当前工作目录是指当前文件所在的目录。在 Python 中，可以通过 os 模块提供的 getcwd() 函数获取当前工作目录。例如，在 E:\program\Python\Code\demo.py 文件中，编写以下代码：

```
import os
print(os.getcwd())    #输出当前目录
```

执行上面代码后将显示以下目录：E:\program\Python\Code

该路径就是当前工作目录。相对路径就是依赖于当前工作目录的。如果在当前工作目录下，有一个名称为 message.txt 的文件，那么在打开这个文件时，就可以直接写上文件名，这时采用的就是相对路径。

说明：在 Python 中，指定文件路径时需要对路径分隔符"\"进行转义，即将路径中的"\"替换为"\\"。

多学两招：在指定文件路径时，也可以在表示路径的字符串前面加上字母 r（或 R），那么该字符串将原样输出，这时路径中的分隔符就不需要再转义了。

2. 绝对路径

绝对路径是指在使用文件时指定文件的实际路径。它不依赖于当前工作目录。在 Python 中，可以通过 os.path 模块提供的 obspath() 函数获取一个文件的绝对路径。obspath() 函数的基本语法格式如下：

```
os.path.abspath(path)
```

3. 拼接路径

如果想要将两个或者多个路径拼接到一起组成一个新的路径，可以使用 os.path 模块提供的 join() 函数实现。join() 函数基本语法格式如下：

```
os.path.join(path1, path2)
```

注意：使用 os.path.join() 函数拼接路径时，并不会检测该路径是否真实存在。

5.2.3 判断目录是否存在

在 Python 中，有时需要判断给定的目录是否存在，这时可以使用 os.path 模块提供的 exists() 函数实现。exists() 函数的基本语法格式如下：

```
os.path.exists(path)
```

其中，path 为要判断的目录，可以采用绝对路径，也可以采用相对路径。

返回值：如果给定的路径存在，则返回 True，否则返回 False。

5.2.4 创建目录

在 Python 中，os 模块提供了两个创建目录的函数，一个用于创建一级目录，另一个用于创建多级目录。

1. 创建一级目录

创建一级目录是指一次只能创建一级目录。在 Python 中，可以使用 os 模块提供的 mkdir() 函数实现。通过该函数只能创建指定路径中的最后一级目录，如果该目录的上一级不存在，则抛出 FileNotFoundError 异常。

mkdir() 函数基本语法如下：

```
os.mkdir(path, mode=0o777)
```

参数说明：

path：用于指定要创建的目录，可以使用绝对路径，也可以使用相对路径。

mode：用于指定数值模式，默认值为 0o777。该参数在非 UNIX 系统上无效或被忽略。

2. 创建多级目录

使用 mkdir() 函数只能创建一级目录，如果想创建多级目录，可以使用 os 模块提供的 makedirs() 函数，该函数用于采用递归的方式创建目录。makedirs() 函数的基本语法格式如下：

```
os.makedirs(name, mode=0o777)
```

参数说明：

name：用于指定要创建的目录，可以使用绝对路径，也可以使用相对路径。

mode：用于指定数值模式，默认值为 0o777。该参数在非 UNIX 系统上无效或被忽略。

例如，在 Windows 系统上，刚刚创建的 C:\demo 目录下，再创建子目录 test\dir\mr（对应的目录为：C:\demo\test\dir\mr），可以使用下面的代码：

```
import os
os.makedirs("C:\\demo\\test\\dir\\mr")
```

5.2.5 删除目录

删除目录可以通过使用 os 模块提供的 rmdir() 函数实现。通过 rmdir() 函数删除目录时，只有当要删除的目录为空时才起作用。rmdir() 函数的基本语法格式如下：

```
os.rmdir(path)
```

其中，path 为要删除的目录，可以使用相对路径，也可以使用绝对路径。

多学两招：使用 rmdir() 函数只能删除空的目录，如果想要删除非空目录，则需要使用 Python 内置的标准模块 shutil 的 rmtree() 函数实现。例如，要删除不为空的"C:\\demo\\test"目录，可以使用下面的代码：

```
import shutil
shutil.rmtree("C:\\demo\\test")
```

5.2.6 遍历目录

遍历在汉语中的意思是全部走遍，到处周游。在 Python 中，遍历是将指定的目录下的全部目录（包括子目录）及文件访问一遍。在 Python 中，os 模块的 walk() 函数用于实现遍历目录的功能。walk() 函数的基本语法格式如下：

```
os.walk(top[, topdown=True[, onerror=None[, followlinks=False]]])
```

参数说明：

top：用于指定要遍历内容的根目录。

topdown：可选参数，用于指定遍历的顺序，如果值为 True，表示自上而下遍历（即先遍历根目录）；如果值为 False，表示自下而上遍历（即先遍历最后一级子目录），默认值为 True。

onerrror：可选参数，用于指定错误处理方式，默认为忽略，如果不想忽略也可以指定一个错误处理函数。通常情况下采用默认设置。

followlinks：可选参数，默认情况下，walk() 函数不会向下转换成解析到目录的符号链接，将该参数值设置为 True，表示用于指定在支持的系统上访问由符号链接指向的目录。

返回值：返回一个包括 3 个元素（dirpath，dirnames, filenames）的元组生成器对象。其中，dirpath 表示当前遍历的路径，是一个字符串；dirnames 表示当前路径下包含的子目录，是一个列表；filenames 表示当前路径下包含的文件，也是一个列表。

👉 实例 5-02 遍历指定目录

在 IDLE 中创建一个名称为 walklist.py 的文件，首先在该文件中导入 os 模块，并定义要遍历的根目录，然后应用 for 循环遍历该目录，最后循环输出遍历到的文件和子目录，代码如下：

```python
import os
path = "C:\\Users\\ASUS\\Desktop\\student"

print("【",path,"】目录下包括的文件和目录：")

for root,dirs,files in os.walk(path, topdown=True):
    for name in dirs:
        print("•", os.path.join(root, name))
    for name in files:
        print("◎", os.path.join(root, name))
```

运行结果如图 5.4 所示。

```
【 C:\Users\ASUS\Desktop\student 】目录下包括的文件和目录：
◎ C:\Users\ASUS\Desktop\student\a.txt
◎ C:\Users\ASUS\Desktop\student\b.txt
◎ C:\Users\ASUS\Desktop\student\c.txt
◎ C:\Users\ASUS\Desktop\student\d.txt
```

图 5.4　遍历指定目录的程序运行结果

5.3 高级文件操作

Python 内置的 os 模块除了可以对目录进行操作，还可以对文件进行一些高级操作，具体如表 5.3 所示：

表5.3 os 模块提供的与文件相关的函数

序号	方法及描述
1	os.access(path, mode) 检验权限模式
2	os.chdir(path) 改变当前工作目录
3	os.chflags(path, flags) 设置路径的标记为数字标记
4	os.chmod(path, mode) 更改权限
5	os.chown(path, uid, gid) 更改文件所有者
6	os.chroot(path) 改变当前进程的根目录
7	os.close(fd) 关闭文件描述符 fd
8	os.closerange(fd_low, fd_high) 关闭所有文件描述符，从 fd_low（包含）到 fd_high（不包含），错误会忽略
9	os.dup(fd) 复制文件描述符 fd
10	os.dup2(fd, fd2) 将一个文件描述符 fd 复制到另一个 fd2
11	os.fchdir(fd) 通过文件描述符改变当前工作目录
12	os.fchmod(fd, mode) 改变一个文件的访问权限，该文件由参数 fd 指定，参数 mode 是 Unix 下的文件访问权限
13	os.fchown(fd, uid, gid) 修改一个文件的所有权，这个函数修改一个文件的用户 ID 和用户组 ID，该文件由文件描述符 fd 指定
14	os.fdatasync(fd) 强制将文件写入磁盘，该文件由文件描述符 fd 指定，但是不强制更新文件的状态信息
15	os.fdopen(fd[, mode[, bufsize]]) 通过文件描述符 fd 创建一个文件对象，并返回这个文件对象
16	os.fpathconf(fd, name) 返回一个打开的文件的系统配置信息。name 为检索的系统配置的值，它也许是一个定义系统值的字符串，这些名字在很多标准中指定（POSIX.1, Unix 95, Unix 98, 和其它）

表 5.3（续）

序号	方法及描述
17	os.fstat(fd) 返回文件描述符 fd 的状态，像 stat()
18	os.fstatvfs(fd) 返回包含文件描述符 fd 的文件的文件系统的信息，像 statvfs()
19	os.fsync(fd) 强制将文件描述符为 fd 的文件写入硬盘
20	os.ftruncate(fd, length) 裁剪文件描述符 fd 对应的文件，所以它最大不能超过文件大小
21	os.getcwd() 返回当前工作目录
22	os.getcwdu() 返回一个当前工作目录的 Unicode 对象
23	os.isatty(fd) 如果文件描述符 fd 是打开的，同时与 tty(-like) 设备相连，则返回 true，否则返回 False
24	os.lchflags(path, flags) 设置路径的标记为数字标记，类似 chflags()，但是没有软链接
25	os.lchmod(path, mode) 修改连接文件权限
26	os.lchown(path, uid, gid) 更改文件所有者，类似 chown，但是不追踪链接
27	os.link(src, dst) 创建硬链接，名为参数 dst，指向参数 src
28	os.listdir(path) 返回 path 指定的文件夹包含的文件或文件夹的名字的列表
29	os.lseek(fd, pos, how) 设置文件描述符 fd 当前位为 pos, how 方式修改：SEEK_SET 或者 0 设置从文件开始的计算的 pos；SEEK_CUR 或者 1 则从当前位置计算；os.SEEK_END 或者 2 则从文件尾部开始，在 unix，Windows 中有效
30	os.lstat(path) 像 stat()，但是没有软链接
31	os.major(device) 从原始的设备号中提取设备 major 号码（使用 stat 中的 st_dev 或者 st_rdev field）
32	os.makedev(major, minor) 以 major 和 minor 设备号组成一个原始设备号

表 5.3（续）

序号	方法及描述
33	os.makedirs(path[, mode]) 递归文件夹创建函数。像 mkdir()，但创建的所有 intermediate-level 文件夹需要包含子文件夹
34	os.minor(device) 从原始的设备号中提取设备 minor 号码（使用 stat 中的 st_dev 或者 st_rdev field）
35	os.mkdir(path[, mode]) 以数字 mode 的 mode 创建一个名为 path 的文件夹，默认的 mode 是 0777（八进制）
36	os.mkfifo(path[, mode]) 创建命名管道，mode 为数字，默认为 0666（八进制）
37	os.mknod(filename[, mode=0600, device]) 创建一个名为 filename 文件系统节点（文件，设备特别文件或者命名 pipe）
38	os.open(file, flags[, mode]) 打开一个文件，并且设置需要的打开选项，mode 参数是可选的
39	os.openpty() 打开一个新的伪终端对，返回 pty 和 tty 的文件描述符
40	os.pathconf(path, name) 返回相关文件的系统配置信息
41	os.pipe() 创建一个管道，返回一对文件描述符(r, w)分别为读和写
42	os.popen(command[, mode[, bufsize]]) 从一个 command 打开一个管道
43	os.read(fd, n) 从文件描述符 fd 中读取最多 n 个字节，返回包含读取字节的字符串，文件描述符 fd 对应文件已达到结尾，返回一个空字符串
44	os.readlink(path) 返回软链接所指向的文件
45	os.remove(path) 删除路径为 path 的文件。如果 path 是一个文件夹，将抛出 OSError；查看下面的 rmdir() 删除一个 directory
46	os.removedirs(path) 递归删除目录
47	os.rename(src, dst) 重命名文件或目录，从 src 到 dst
48	os.renames(old, new) 递归地对目录进行更名，也可以对文件进行更名

表 5.3（续）

序号	方法及描述
49	os.rmdir(path) 删除 path 指定的空目录，如果目录非空，则抛出一个 OSError 异常
50	os.stat(path) 获取 path 指定的路径的信息，功能等同于 C API 中的 stat() 系统调用
51	os.stat_float_times([newvalue]) 决定 stat_result 是否以 float 对象显示时间戳
52	os.statvfs(path) 获取指定路径的文件系统统计信息
53	os.symlink(src, dst) 创建一个软链接
54	os.tcgetpgrp(fd) 返回与终端 fd（一个由 os.open() 返回的打开的文件描述符）关联的进程组
55	os.tcsetpgrp(fd, pg) 设置与终端 fd（一个由 os.open() 返回的打开的文件描述符）关联的进程组为 pg
56	os.tempnam([dir[, prefix]]) 返回唯一的路径名用于创建临时文件
57	os.tmpfile() 返回一个打开的模式为 (w+b) 的文件对象，这个文件对象没有文件夹入口，没有文件描述符，将会自动删除
58	os.tmpnam() 为创建一个临时文件返回一个唯一的路径
59	os.ttyname(fd) 返回一个字符串，它表示与文件描述符 fd 关联的终端设备。如果 fd 没有与终端设备关联，则引发一个异常
60	os.unlink(path) 删除文件路径
61	os.utime(path, times) 返回指定的 path 文件的访问和修改的时间
62	os.walk(top[, topdown=True[, onerror=None[, followlinks=False]]]) 通过在树中游走输出在文件夹中的文件名，向上或者向下
63	os.write(fd, str) 写入字符串到文件描述符 fd 中，返回实际写入的字符串长度
64	os.path 模块 获取文件的属性信息

5.3.1 重命名文件和目录

OS 模块提供了重命名文件和目录的函数 rename()，如果指定的路径是文件，则重命名文件，如果指定的路径是目录，则重命名目录。rename() 函数的基本语法格式如下：

```
os.rename(src, dst)
```

其中，src 用于指定要进行重命名的目录或文件；dst 用于指定重命名后的目录或文件。

同删除文件一样，在进行文件或目录重命名时，如果指定的目录或文件不存在，也将抛出 FileNotFoundError 异常，所以在进行文件或目录重命名时，也建议先判断文件或目录是否存在，只有存在时才进行重命名操作。

5.3.2 获取文件基本信息

在计算机上创建文件后，该文件本身就会包含一些信息。例如，文件的最后一次访问时间、最后一次修改时间、文件大小等基本信息。通过 OS 模块的 stat() 函数可以获取到文件的这些基本信息。

stat() 函数的基本语法如下：

```
os.stat(path)
```

其中，path 为要获取文件基本信息的文件路径，可以是相对路径，也可以是绝对路径。

stat() 函数的返回值是一个对象，该对象包含图 5.5 所示的属性，通过访问这些属性可以获取文件的基本信息。

属性	说明	属性	说明
st_mode	保护模式	st_dev	设备名
st_ino	索引号	st_uid	用户 ID
st_nlink	硬链接号（被连接数目）	st_gid	组 ID
st_size	文件大小，单位为字节	st_atime	最后一次访问时间
st_mtime	最后一次修改时间	st_ctime	最后一次状态变化的时间（系统不同返回结果也不同，例如，在 Windows 操作系统下返回的是文件的创建时间）

图 5.5　stat 函数返回对象的常用属性

5.4 项目实战

5.4.1 实战一：根据当前时间创建文件

指定目录中，批量创建文件，文件名为 %Y%m%d%H%M%S 格式的当前时间（精确到秒）。例如，创建文件的时间为 2022 年 6 月 30 日 15 点 30 分 38 秒，则该文件的文件名 20220630153038.txt。为了防止出现重名的文件，在每创建一个文件后，让线程休眠一秒。代码如下：

```python
import os       # 文件或目录模块
import time     # 导入时间模块


def nsfile(s):
    '''The number of new expected documents'''
    # 判断文件夹是否存在，如果不存在则创建
    b = _____("E:\\testFile\\")
    if b:
        print("该目录存在！")
    else:
        os.mkdir("E:\\testFile\\")
    # 生成文件
    for i in range(1, s + 1):
        # 获取当前系统时间
        localTime = time.strftime("%Y%m%d%H%M%S", time.localtime())
        # 以当前系统时间作为文件名称
        filename = _____
        # a:以追加模式打开（必要时可以创建）append;b:表示二进制
        f = open(filename, 'ab')
        # 文件内写入的信息
        testnote = ' 文件测试 '
        # 写入文件信息
        f.write(testnote.encode('utf-8'))
        f.close()
        # 输出第几个文件和对应的文件名称
        print(_____)
        time.sleep(1)       # 休眠一秒
    print(' 生成文件成功！')

if __name__ == '__main__':
    s = int(input("请输入需要生成的文件数："))    # 获取输入的文件个数
    nsfile(s)
```

运行结果如图 5.6 所示。

```
请输入需要生成的文件数：5
file 1:20220630114257.txt
file 2:20220630114258.txt
file 3:20220630114300.txt
file 4:20220630114301.txt
file 5:20220630114302.txt
生成文件成功！
```

图 5.6　根据当前时间创建文件的程序运行结果

5.4.2 实战二：批量添加文件夹

在指定的目录中，批量创建指定个数的文件夹（即目录）。代码如下：

```
import os  # 文件或目录模块


path = 'E:\\testFile\\'  # 外层路径


def folder(s):
    for i in range(1, s + 1):
        # 设置文件夹名称
        folder_name = path + str(i)
        # 检测文件夹是否存在
        if _____
            print("该目录存在！")
        else:
            # 不存在进行创建
            _____
            if isExists(folder_name):
                print('文件夹', i, '创建成功！')


# 检测文件夹是否存在
def isExists(folder_name):
    b = os.path.exists(folder_name)
    return b


if __name__ == '__main__':
    s = int(input("请输入需要生成的文件夹个数："))  # 获取输入的文件夹个数
    folder(s)
```

运行结果如图 5.7 所示。

```
请输入需要生成的文件夹个数：5
文件夹 1 创建成功！
文件夹 2 创建成功！
文件夹 3 创建成功！
文件夹 4 创建成功！
文件夹 5 创建成功！
```

图 5.7　批量添加文件夹的程序运行结果

5.5　小结

本章首先介绍了如何应用 Python 自带的函数进行基本文件读写操作，然后介绍了如何应用 Python 内置的 os 模块及其子模块 os.path 进行目录和文件相关的管理操作，最后又介绍了如何应用 os 模块进行高级文件操作，例如重命名文件和目录，以及获取文件基本信息等。本章介绍的这些内容都是 Python 中进行文件操作的基础，在实际开发中，为了实现更为高级的功能通常或借助其他的模块。例如，要进行文件压缩和解压缩可以使用 shutil 模块。这些内容本章中没有涉及，读者可以在掌握了本章介绍的内容后，自行查找相关学习资源。

5.6　练习题

1. 单选题

（1）在 Python 中，使用 open 方法以二进制格式打开一个文件用于追加，则访问模式为（　　）。

　　　　A. rb　　　　B. wb　　　　C. ab　　　　D. a

（2）在 Python 中，写文件的操作是（　　）。

　　　　A. write　　B. writeall　　C. seek　　　D. writetext

（3）以下对 Python 文件处理的描述，错误的是（　　）。

　　　　A. Python 通过解释器内置的 open() 函数打开一个文件

　　　　B. Python 能够以文本和二进制两种方式处理文件

　　　　C. 当文件以文本方式打开时，读写按照字节流方式

　　　　D. 文件使用结束后可以用 close() 方法关闭，释放文件的使用授权

（4）在 Python 中，使用 open() 打开一个 windows 操作系统 D 盘下的文件，路径

名错误的是（　　）。

  A. D:\PythonTest\a.txt   B. D:\\PythonTest\\a.txt

  C. D:/PythonTest/a.txt   D. D://PythonTest//a.txt

2. 判断题

（1）os.getcwd()得到当前工作目录，即当前 Python 脚本工作的目录路径。（　　）

（2）os.listdir()返回指定目录下的所有文件和目录名。（　　）

（3）os.path.isdir()返回指定目录下的所有文件和目录名。（　　）

（4）os.path.isfile()检验给出的路径是否是一个目录。（　　）

3. 填空题

（1）使用_____可以从文件中读入一行文本。

（2）write(s)函数要求参数 s 必须是_____类型。

（3）打开文件既要读又要写，应该使用的打开模式参数是_____。

（4）open 函数的打开模式_____表示可以对文件进行追加操作。

4. 程序设计题

（1）统计一个目录及其子目录下包含的文件总个数。

（2）统计一个目录下包含的文件个数和目录个数。

（3）创建文件 data.txt，写入 100 行内容，每行存放一个 1~100 范围内的随机整数。

（4）第一步，创建目录，在该目录下新建 100 个文件，文件扩展名为 *.png。第二步，修改上一步创建的 100 个文件的扩展名为 *.jpg。

参考文献

[1] 苏东伟. Python 程序编写入门 [M]. 北京：高等教育出版社, 2019.

[2] 黑马程序员. Python 快速编程入门 [M]. 2 版. 北京：人民邮电出版社, 2019.

[3] 小小程序员￥. Python 文件及目录操作 [EB/OL]. [2023-04-02]. https://blog.csdn.net/m0_59745705/article/details/129915589

[4] 牧牛人 Alec. 零基础学 Python[EB/OL]. [2019-03-27]. https://yunxi.vkucloud.com/article/f6903ba5-b567-4049-0bf2-08d6b3fe5a8b

[5] 小菜鸡. Python 中对文件目录的操作 [EB/OL]. [2022-05-13]. https://blog.csdn.net/weixin_45191386/article/details/124699886

[6] Chachi Chan. Python 基础笔记 1.1[EB/OL]. [2021-03-01]. https://blog.csdn.net/weixin_43810584/article/details/114258899

[7] weixin_39976499. Python 中 rename 函数_Python os.rename()函数：重命名文件或目录 [EB/OL]. [2020-12-03]. https://blog.csdn.net/weixin_39976499/article/details/110541724